地下水污染防治监测方法及标准物质

李　昆　著

黄河水利出版社
·郑　州·

内 容 提 要

本书以地下水污染防治为目标,汇编了近10年来国家层面有关地下水污染防治的相关规划及实施方案;从各指标理化性质入手,以各指标检测条件及仪器设备为依据,梳理了GB/T 14848—2017中的20项感官性状指标及一般化学指标、39项常规指标及93项全指标相关标准监测方法,建立了相应的标准物质体系;以共存实验为验证方式,提出了相应的混合标准物质配制方案并进行验证,极大程度上保证了方案的可操作性。本书相关成果可为我国地下水检测工作提供便利并提高检测效率。

本书可供从事地下水污染防治工作、地下水水质监测人员及相关涉水实验室管理者阅读参考。

图书在版编目(CIP)数据

地下水污染防治监测方法及标准物质/李昆著.—郑州:黄河水利出版社,2021.2

ISBN 978-7-5509-2923-4

Ⅰ.①地… Ⅱ.①李… Ⅲ.①地下水污染-污染防治 Ⅳ.①X523.06

中国版本图书馆CIP数据核字(2021)第027019号

组稿编辑:李洪良　电话:0371-66026352　E-mail:hongliang0013@163.com

出 版 社:黄河水利出版社　网址:www.yrcp.com

地址:河南省郑州市顺河路黄委会综合楼14层　邮政编码:450003

发行单位:黄河水利出版社

发行部电话:0371-66026940、66020550、66028024、66022620(传真)

E-mail:hhslcbs@126.com

承印单位:广东虎彩云印刷有限公司

开本:787 mm×1 092 mm　1/32

印张:4.75

字数:137千字　印数:1—1 000

版次:2021年2月第1版　印次:2021年2月第1次印刷

定价:48.00元

前　言

地下水是指赋存于地表以下岩石空隙中的水，狭义上是指地下水面以下饱和含水层中的水。在《水文地质术语》(GB/T 14157—1993)中，地下水是指埋藏在地表以下各种形式的重力水。地下水是水资源的重要组成部分，由于其水量稳定、水质好，是农业灌溉、工矿和城市的重要水源之一。近几十年来，随着我国经济社会的快速发展，呈现出地下水资源开发利用量迅速增长、地下水环境质量逐渐恶化等态势。地下水监测工作一直以来得到了国家层面的关注，尤其是中国共产党第十八届中央委员会及“十三五”规划明确提出了要确保地下水质量和可持续利用，坚决遏制地下水污染加剧趋势。2011 年发布的《全国地下水污染防治规划(2011—2020 年)》，2015 年发布的《水污染防治行动计划》，2018 年提出的《中共中央　国务院关于全面加强生态环境保护　坚决打好污染防治攻坚战的意见》，以及 2019 年生态环境部、自然资源部、住房和城乡建设部、水利部、农业农村部五部委联合发布的《地下水污染防治实施方案》中，均重点突出了地下水污染防治工作。

为做好地下水污染防治工作，水质监测评价工作日趋重要。标准检测方法和标准物质的选择是做好水质监测评价工作的基础，二者的正确应用对检测结果的量值溯源起着决定作用，通常在使用不同的检测方法和标准物质进行定量时，计算结果间往往存在一定差异。为保证地下水监测工作的顺利开展，我国相关部委下属的标准物质生产研究机构(如中国计量科学研究院、生态环境部标准样品研究所、国家有色金属及电子材料分析测试中心、农业农村部环境保护科研监测所等)的产品虽基本涵盖了地下水质量标准中涉及的 93 项指标标准物质，但在产品组合及应用方面仍存在优化空间。希望本书提出的标准物质体系方案可为地下水监测工作的顺利和高效开展提供技术支撑。

本书共包括 5 章。第 1 章主要对近 10 年来国家层面有关地下水污染防治的相关规划及实施方案进行了汇编，以助读者了解我国地下水的现状、问题及相关规划。第 2 章主要针对《地下水质量标准》（GB/T 14848—2017）中各项指标的相关检测标准方法进行了汇编，并对各类指标检测方法所涉及的各仪器设备进行了汇总分类。第 3 章主要对目前我国市场上的地下水 93 项监测指标的标准物质进行了统计分析，以了解目前国内相关标准物质的研究现状。第 4 章以各指标理化性质及前处理方法、检测设备为理论基础，同时利用气相色谱仪、气相色谱质谱仪、液相色谱仪、液相色谱质谱仪、连续流动分析仪、离子色谱仪等设备开展了各指标的共存实验验证。第 5 章则以相关验证结果为基础，提出了地下水标准物质体系及地下水指标混合标准物质的配制方案。

参加本书编写的主要人员有李昆、张盼伟、赵晓辉、万晓红、刘晓茹等。在此对相关资料的提供者及为编写本书付出辛勤劳动的单位及个人，表示诚挚的谢意！

由于作者水平与时间有限，对有些问题的认识和研究还有待于进一步深入，不足之处恳请读者批评指正。

作　者

2020 年初冬于北京

目　录

第1章　地下水污染防治办法汇编

第1节　全国地下水污染防治规划(2011—2020年)

1.1.1　地下水环境污染状况

1.1.1.1　地下水资源分布和开发利用状况

我国地下水资源地域分布不均。据调查,全国地下水资源量多年平均为8 218亿m^3,其中,北方地区(占全国总面积的64%)地下水资源量2 458亿m^3,约占全国地下水资源量的30%;南方地区(占全国总面积的36%)地下水资源量5 760亿m^3,约占全国地下水资源量的70%。总体上,全国地下水资源量由东南向西北逐渐降低。

近几十年来,随着我国经济社会的快速发展,地下水资源开发利用量呈迅速增长态势,由20世纪70年代的570亿m^3/年,增长到80年代的750亿m^3/年,到2009年地下水开采总量已达1 098亿m^3,占全国总供水量的18%,30年间增长了近一倍。北方地区65%的生活用水、50%的工业用水和33%的农业灌溉用水来自地下水。全国655个城市中,400多个以地下水为饮用水源,约占城市总数的61%。地下水资源的长期过量开采,导致全国部分区域地下水水位持续下降。2009年共监测全国地下水降落漏斗240个,其中浅层地下水降落漏斗115个,深层地下水降落漏斗125个。华北平原东部深层承压地下水水位降落漏斗面积达7万多hm^2,部分城市地下水水位累计下降达30~50 m,局部地区累计水位下降超过100 m。部分地区地下水超采严重,进一步加大了水资源安全保障的压力。

1.1.1.2 地下水环境质量状况及变化趋势

1. 地下水环境质量状况

根据2000~2002年国土资源部“新一轮全国地下水资源评价”成果,全国地下水环境质量“南方优于北方,山区优于平原,深层优于浅层”。按照《地下水质量标准》(GB/T 14848—1993)进行评价,全国地下水资源符合Ⅰ~Ⅲ类水质标准的占63%,符合Ⅳ~Ⅴ类水质标准的占37%。南方大部分地区水质较好,符合Ⅰ~Ⅲ类水质标准的面积占地下水分布面积的90%以上,但部分平原地区的浅层地下水污染严重,水质较差。北方地区的丘陵山区及山前平原地区水质较好,中部平原区水质较差,滨海地区水质最差。根据对京津冀、长江三角洲、珠江三角洲、淮河流域平原区等地区地下水有机污染调查,主要城市及近郊地区地下水中普遍检测出有毒微量有机污染指标。2009年,经对北京、辽宁、吉林、上海、江苏、海南、宁夏和广东等8个省(区、市)641眼井的水质分析,水质Ⅰ~Ⅱ类占总数的2.3%,水质Ⅲ类的占23.9%,水质Ⅳ~Ⅴ类的占73.8%,主要污染指标是总硬度、氨氮、亚硝酸盐氮、硝酸盐氮、铁和锰等。2009年,全国202个城市的地下水水质以良好-较差为主,深层地下水质量普遍优于浅层地下水,开采程度低的地区优于开采程度高的地区。根据《全国城市饮用水安全保障规划(2006—2020年)》数据,全国近20%的城市集中式地下水水源水质劣于Ⅲ类。部分城市饮用水水源水质超标因子除常规化学指标外,甚至出现了致癌、致畸、致突变污染指标。

2. 地下水环境质量变化趋势

据近十几年地下水水质变化情况的不完全统计分析,初步判断我国地下水污染的趋势为:由点状、条带状向面上扩散,由浅层向深层渗透,由城市向周边蔓延。

南方地区地下水环境质量变化趋势以保持相对稳定为主,地下水污染主要发生在城市及其周边地区。北方地区地下水环境质量变化趋势以下降为主,其中,华北地区地下水环境质量进一步恶化;西北地区地下水环境质量总体保持稳定,局部有所恶化,特别是大中城市及其周边地区、农业开发区地下水污染不断加重;东北地区地下水环境质量以下降为主,大中城市及其周边和农业开发区污染有所加重,地下水污染从城市向周围蔓延。

1.1.1.3　地下水污染防治存在的主要问题

1. 地下水污染源点多面广,污染防治难度大

近年来,我国城市急剧扩张,导致城市污水排放量大幅增加,由于资金投入不足,管网建设相对滞后、维护保养不及时,管网漏损导致污水外渗,部分进入地下水体;雨污分流不彻底,汛期污水随雨水溢流,造成地下水污染。2009年,全国城市生活垃圾无害化处理率仅为72%,部分垃圾填埋场渗滤液严重污染地下水。

部分行业威胁地下水环境安全,2009年全国2亿多t工业固体废物未得到有效综合利用或处置,铬渣和锰渣堆放场渗漏污染地下水事件时有发生;石油化工行业勘探、开采及生产等活动显著影响地下水水质,加油站渗漏污染地下水问题日益显现;部分工业企业通过渗井、渗坑和裂隙排放、倾倒工业废水,造成地下水污染;部分地下水工程设施及活动止水措施不完善,导致地表污水直接污染含水层,以及不同含水层之间交叉污染。

土壤污染总体形势不容乐观,土壤中一些污染物易于淋溶,对相关区域地下水环境安全构成威胁。我国单位耕地面积化肥及农药用量分别为世界平均水平的2.8倍和3倍,大量化肥和农药通过土壤渗透等方式污染地下水;部分地区长期利用污水灌溉,对农田及地下水环境构成危害,农业区地下水氨氮、硝酸盐氮、亚硝酸盐氮超标和有机污染日益严重。

地表水污染对地下水影响日益加重,特别是在黄河、辽河、海河及太湖等地表水污染较严重地区,因地表水与地下水相互连通,地下水污染十分严重。部分沿海地区地下水超采,破坏了海岸带含水层中淡水和咸水的平衡,引起了沿海地区地下水的海水入侵。

上述污染严重威胁地下水饮用水水源环境安全,部分地下水饮用水水源甚至检测出重金属和有机污染物,对人体健康构成潜在危害。由于地下水水文地质条件复杂,治理和修复难度大、成本高、周期长,一旦受到污染,所造成的环境与生态破坏往往难以逆转。当前,我国相当

部分地下水污染源仍未得到有效控制、污染途径尚未根本切断，部分地区地下水污染程度仍在不断加重。

2. 地下水污染防治基础薄弱，防治能力亟待加强

长期以来，我国在重点区域、重点城市地下水动态监测和资源量评估方面取得了较为全面的数据，但尚未系统开展全国范围地下水基础环境状况的调查评估，难以完整描述地下水环境质量及污染情况。目前颁布实施的法律法规，仅有少部分条款涉及地下水保护与污染防治，缺乏系统完整的地下水保护与污染防治法律法规及标准规范体系，难以明确具体法律责任。地下水环境保护资金投入严重不足，导致相关基础数据信息缺乏，科学研究滞后，基础设施不完善、治理工程不到位，难以满足地下水污染防治工作的需求。地下水环境管理体制和运行机制不顺，缺乏统一协调高效的地下水污染防治对策措施，地下水环境监测体系和预警应急体系不健全，地下水污染健康风险评估等技术体系不完善，难以形成地下水污染防治合力。上述问题，严重制约了地下水污染防治工作的开展。

3. 对地下水污染防治的认识有待提高

当前，地方各级人民政府和相关部门对地下水污染长期性、复杂性、隐蔽性和难恢复性的认识仍不到位。一方面，在石油、天然气、地热及地下水等资源开发过程中，“重开发、轻管理”现象普遍存在，环境保护措施不完善，往往造成了含水层污染。另一方面，长期以来我国水环境保护的重点是地表水，地下水污染防治工作没有纳入重要议事日程，无论是从监管体系建设、法规标准制定还是科研技术开发等方面，相关工作明显滞后。

1.1.2 指导思想、原则和目标

1.1.2.1 指导思想

深入贯彻落实科学发展观，坚持保护优先的总体方针，加大对地下水污染状况调查和监管力度，边调查边治理，综合防治，着力解决地下水污染突出问题，切实保障地下水饮用水水源环境安全，健全法规标准，完善政策措施，逐步建成以防为主的地下水污染防治体系，保障地

下水资源可持续利用,推动经济社会可持续发展。

1.1.2.2　基本原则

预防为主,综合防治。开展地下水污染状况调查,加强地下水环境监管,制定并实施防止地下水污染的政策及技术工程措施,节水防污并重,地表水和地下水污染协同控制,综合运用法律、经济、技术和必要的行政手段,开展地下水保护与治理,以预防为主,坚持防治结合,推动全国地下水环境质量持续改善。

突出重点,分类指导。以地下水饮用水水源安全保障为重点,综合分析典型污染场地特点和不同区域水文地质条件,制定相应的控制对策,切实提升地下水污染防治水平。

落实责任,强化监管。建立地下水环境保护目标责任制、评估考核制和责任追究制。完善地下水污染防治的法律法规和标准规范体系,建立健全高效协调的地下水污染监管制度,依法防治。

1.1.2.3　规划目标

到 2015 年,基本掌握地下水污染状况,全面启动地下水污染修复试点,逐步整治影响地下水环境安全的土壤,初步控制地下水污染源,全面建立地下水环境监管体系,城镇集中式地下水饮用水水源水质状况有所改善,初步遏制地下水水质恶化趋势。

到 2020 年,全面监控典型地下水污染源,有效控制影响地下水环境安全的土壤,科学开展地下水修复工作,重要地下水饮用水水源水质安全得到基本保障,地下水环境监管能力全面提升,重点地区地下水水质明显改善,地下水污染风险得到有效防范,建成地下水污染防治体系。

1.1.3　主要任务

1.1.3.1　开展地下水污染状况调查

综合考虑地下水水文地质结构、脆弱性、污染状况、水资源禀赋及其使用功能和行政区划等因素,建立地下水污染防治区划体系,划定地下水污染治理区、防控区及一般保护区。

针对我国地下水污染物来源复杂、有机污染日益凸显、污染总体状况不清的现状，基于新一轮全国地下水资源评价、全国水资源评价、第一次全国污染源普查和全国土壤污染状况调查成果，从区域和重点地区两个层面，开展地下水污染状况调查。到2015年年底前完成我国地下水污染状况调查和评估工作，基本掌握我国地下水污染状况，深入分析地下水污染成因和发展趋势。

区域地下水污染调查按1∶25万以上的精度进行，主要部署在平原(盆地)和低山丘陵区，覆盖所有地下水开发利用区和潜在地下水开发区。重点地区地下水污染调查按1∶5万以上的精度进行，主要部署在地市级以上城市人口密集区、潜在污染源分布区和大型饮用水水源区等区域。

1.1.3.2 保障地下水饮用水水源环境安全

严格地下水饮用水水源保护与环境执法。定期开展地下水资源保护执法检查、地下水饮用水水源环境执法检查和后督察，严格地下水饮用水水源保护区环境准入标准，落实地下水保护与污染防治责任，依法取缔饮用水水源保护区内的违法建设项目和排污口。

制定超标地下水饮用水水源污染防治方案。针对污染造成水质超标的地下水饮用水水源，科学分析水源水质和水厂供水措施的相关性，研究制定污染防治方案，开展地下水污染治理工程示范，实现“一源一案”。以农村地区受污染地下水饮用水水源为重点，着力解决潜水污染问题。

建立地下水饮用水水源风险防范机制。建立地下水饮用水水源风险评估机制，对地下水饮用水水源保护区外，与水源共处同一水文地质单元的工业污染源、垃圾填埋场及加油站等风险源实施风险等级管理，对有毒有害物质进行严格管理与控制。按照“谁污染、谁治理”的原则，对地下水污染隐患进行限期治理。

1.1.3.3 严格控制影响地下水的城镇污染

持续削减影响地下水水质的城镇生活污染负荷，控制城镇生活污水、污泥及生活垃圾对地下水的影响。在提高城镇生活污水处理率和回用率的同时，加强现有合流管网系统改造，减少管网渗漏；规范污泥处置系统建设，严格按照污泥处理标准及堆存处置要求对污泥进行无害化处理处置。逐步开展城市污水管网渗漏排查工作，结合城市基础设施建设和改造，建立健全城市地下水污染监督、检查、管理及修复机制。

到 2015 年年底前，完成大中城市周边生活垃圾填埋场或堆放场对地下水环境影响的风险评估工作。目前正在运行且未做防渗处理的城镇生活垃圾填埋场，应完善防渗措施，建设雨污分流系统。对于已封场的城镇生活垃圾填埋场，要开展稳定性评估及长期地下水水质监测。对于已污染地下水的城镇生活垃圾填埋场，要及时开展顶部防渗、渗滤液引流、地下水修复等工作。有计划关闭过渡性的简易或非正规生活垃圾填埋设施。未经稳定化处理且含水率超过 60% 的城镇污水厂污泥不得进入生活垃圾填埋场填埋。

1.1.3.4　强化重点工业地下水污染防治

加强重点工业行业地下水环境监管。定期评估有关工业企业及周边地下水环境安全隐患，定期检查地下水污染区域内重点工业企业的污染治理状况。依法关停造成地下水严重污染事件的企业。建立工业企业地下水影响分级管理体系，以石油炼化、焦化、黑色金属冶炼及压延加工业等排放重金属和其他有毒有害污染物的工业行业为重点，公布污染地下水重点工业企业名单。

防范石油化工行业污染地下水。石油天然气开采的油泥堆放场等废物收集、贮存、处理处置设施应按照要求采取防渗措施，并防止回注过程中对地下水造成污染。石油天然气管道建设应避开饮用水源保护区，确实无法绕行的，应采取严格的防渗漏等特殊处理措施后从地下通过，最大限度地防止输送过程中的跑冒滴漏。尽快修订完善《汽车加油加气站设计与施工规范》(GB 50156—2002)。从 2012 年起，新建、改建和扩建地下油罐应为双层油罐，或设置防渗池、比对观测井等防漏和检漏设施。到 2015 年年底前，正在运行的加油站地下油罐应更新为双层油罐或设置防渗池，并进行防渗漏自动监测。

防控地下工程设施或活动对地下水的污染。兴建地下工程设施或者进行地下勘探、采矿等活动，特别是穿越断层、断裂带以及节理裂隙的地下水发育地段的工程设施，应当采取防护性措施，预防地下水污染。采用科学合理的防护措施，尽量减少地下工程设施建设，尤其是隧道开挖对地下水的影响。整顿或关闭对地下水影响大、环境管理水平差的矿山。

控制工业危险废物对地下水的影响。加快完成综合性危险废物处置中心建设,重点做好地下水污染防治工作。加强危险废物堆放场地治理,防止对地下水的污染,开展危险废物污染场地地下水污染调查评估,针对铬渣、锰渣堆放场及工业尾矿库等开展地下水污染防治示范工作。

1.1.3.5 分类控制农业面源对地下水污染

逐步控制农业面源污染对地下水的影响。对由于农业面源污染导致地下水氨氮、硝酸盐氮、亚硝酸盐氮超标的华北平原和长江三角洲等地区,特别是粮食主产区和地下水污染较重的平原区,要大力推广测土配方施肥技术,积极引导农民科学施肥,使用生物农药或高效、低毒、低残留农药,推广病虫草害综合防治、生物防治和精准施药等技术。开展种植业结构调整与布局优化,在地下水高污染风险区优先种植需肥量低、环境效益突出的农作物。

严格控制地下水饮用水水源补给区农业面源污染。通过工程技术、生态补偿等综合措施,在水源补给区内科学合理使用化肥和农药,积极发展生态及有机农业。

1.1.3.6 加强土壤对地下水污染的防控

逐步开展土壤污染对地下水环境影响的风险评估。结合全国土壤污染状况调查工作成果,加强地下水水源补给区污染土壤环境质量监测,评估污染土壤对地下水环境安全构成的风险,研究制定相应的污染土壤治理措施。

加强影响地下水环境安全的污染场地综合整治工作。开发利用污染企业场地和其他可能污染地下水的场地,要明确修复及治理的责任主体和技术要求,按照“谁污染、谁治理”的原则,被污染的土壤或地下水,由造成污染的单位和个人负责修复和治理。

严格控制污水灌溉对地下水造成污染。要科学分析灌区水文地质条件等因素,客观评价污水灌溉的适用性。避免在土壤渗透性强、地下水位高、含水层露头区进行污水灌溉,防止灌溉引水量过大,杜绝污水漫灌和倒灌引起深层渗漏污染地下水。污水灌溉的水质要达到灌溉用水水质标准。定期开展污灌区地下水监测,建立健全污水灌溉管理体系。

1.1.3.7 有计划开展地下水污染修复

开展典型地下水污染场地修复。借鉴国外地下水污染修复技术经验,在地下水污染问题突出的工业危险废物堆存、垃圾填埋、矿山开采、石油化工行业生产(包括勘探开发、加工、储运和销售)等区域,筛选典型污染场地,积极开展地下水污染修复试点工作。

开展沿海地区海水入侵综合防治示范。严格控制海水入侵易发区地下水开采,采取综合措施,加快海水入侵区地下水保护治理,防治海水入侵。

切断废弃钻井、矿井、取水井等地下水污染途径。报废的各类钻井、矿井、取水井要由使用单位负责封井,及时开展废弃井回填工作,并保证封井质量,避免引起各层地下水串层污染,防止污染物通过各类废弃设施进入地下水。

1.1.3.8 建立健全地下水环境监管体系

建立健全地下水环境监测体系。在国土资源、水利及环境保护等部门已有的地下水监测工作基础上,充分衔接"国家地下水监测工程"监测网络,整合并优化地下水环境监测布设点位,完善地下水环境监测网络,实现地下水环境监测信息共享。建立区域地下水污染监测系统(国控网),实现国家对地下水环境的总体监控;建立重点地区地下水污染监测系统(省控网),实现对人口密集和重点工业园区、地下水重点污染源区、重要水源等地区的有效监测;强化水厂的地下水取水检测能力(取水点控)、地下水区域性污染因子和污染风险的识别能力,增加检测项目,提高检测精度,强化地下水水质突变等异常因子识别。加大对地下水环境监测仪器、设备投入,建立专业的地下水环境监测队伍,逐步建立地下水环境监测评价体系和信息共享平台。

建立地下水污染风险防范体系。建立预警预报标准库,构建地下水污染预报、应急信息发布和综合信息社会化服务系统。制定地下水污染防治应急措施,增强供水厂对地下水污染物的应急处理能力,强化水处理工艺的净化效果,分区域、有重点地增强水厂对氟化物、铁、锰、氨氮和硫酸盐等污染指标的处理能力,建立地下水污染突发事件应急预案和技术储备体系。

加强地下水环境监管。提高地下水环境保护执法装备水平,重点加强工业危险废物堆放场、石化企业、矿山渣场、加油站及垃圾填埋场地下水环境监察。强化纳入地下水污染清单的重点企业环境执法,禁止利用渗井、渗坑、裂隙和溶洞等排放、倾倒或利用无防渗措施的沟渠、坑塘等输送、存贮含有毒污染物的废水、含病原体的污水和其他废弃物,防止污染地下水;定期检查重点企业和垃圾填埋场的污染治理情况,评估企业和垃圾填埋场周边地下水环境状况,排查安全隐患。

全过程监管地下水资源的开发利用,分层开采水质差异大的多层地下水含水层,不得混合开采已受污染的潜水和承压水,人工回灌不得恶化地下水质。提高用水效率,节约使用地下水,严格实施地下水用水总量控制。研究制定地下水超采区及生态环境敏感区的压采和限采方案,保障地下水采补平衡,避免造成地下水环境污染及生态破坏。

1.1.4 规划项目和投资估算

1.1.4.1 规划项目

地下水污染调查项目。包括区域地下水污染调查和重点地区地下水污染调查。其中,区域地下水污染调查面积约 440 万 km^2,重点地区地下水污染调查面积约 105 万 km^2。

地下水饮用水水源污染防治示范项目。主要通过开展地下水水源补给区水力截获、污水防渗、地下水帷幕、流场控制等工程措施防治地下水饮用水水源污染。

典型场地地下水污染预防示范项目。主要针对典型场地地下水污染现状及特点,从控制污染源出发,示范性开展工业危险废物堆放场、石化企业、矿山渣场、加油站及垃圾填埋场等污染场地的预防工作。完成存在渗漏问题的工业固体废物(包括危险废物)堆存、垃圾填埋、矿山开采、石油化工行业生产(包括勘探开发、加工、储运和销售)等场地的规范化防渗处理,加强环境监管,从源头上预防地下水的污染;完成全国电解锰行业锰渣库规范化整治和锰矿尾矿库生态环境综合治理，预防地下水污染。

农业面源污染防治示范项目。主要通过推广先进农业技术和绿色种植技术，大力推进饮用水水源保护区内的退耕还林还草，开展农业面源污染地下水监控的试点示范。

地下水污染修复示范项目。主要针对我国典型场地地下水污染日趋严重、相应修复技术薄弱的现状，选取典型工业固体废物堆存场地、垃圾填埋场、矿山开采场地、石油化工行业生产（包括勘探开发、加工、储运和销售）等场地，开展地下水污染修复示范工程，恢复示范区地下水使用功能，为开展全国地下水污染修复工作积累经验。

地下水环境监管能力建设项目。主要包括地下水污染监测和预警应急系统建设。地下水污染监测系统包括区域地下水污染监测系统（国控网）、重点地区地下水污染监测系统（省控网）以及相应的信息共享平台。区域地下水污染监测系统（国控网）覆盖面积约 440 万 km^2，重点地区地下水污染监测系统（省控网）覆盖面积约 105 万 km^2。地下水污染预警应急体系建设主要涵盖预警预报信息管理系统建设、地下水污染应急保障工程体系建设和突发污染应急监测体系建设等方面。

1.1.4.2　投资估算

按防治任务的轻重缓急和防治项目的成熟程度将规划项目分为优选和重点两类。

目前迫切需要开展的优选项目需投资 88.8 亿元。包括地下水污染调查项目 27.0 亿元，地下水饮用水水源污染防治示范项目 3.4 亿元，典型场地地下水污染预防示范项目 10.2 亿元，地下水污染修复示范项目 3.8 亿元，农业面源污染防治示范项目 1.4 亿元，地下水环境监管能力建设项目 43.0 亿元。

重点项目需投资 257.8 亿元。包括地下水饮用水水源污染防治示范项目 196.3 亿元，典型场地地下水污染预防示范项目 49.7 亿元，地下水污染修复示范项目 10.5 亿元，农业面源污染防治示范项目 1.3 亿元。

1.1.5　保障措施

1.1.5.1　明确责任分工、加强组织协调

强化地方责任。地下水污染防治工作实行行政领导责任制。地方各级人民政府是规划实施的责任主体,要高度重视地下水污染防治工作,分解落实目标和任务,纳入当地经济社会发展规划,狠抓落实,制定实施方案,细化措施政策,落实地方政府环境质量负责制。

加强部门协调。环境保护部会同国土资源部、发展改革委、财政部、住房城乡建设部、水利部、卫生部、工业和信息化部、总后勤部等部门和单位,指导、协调和督促、检查地下水污染防治规划的实施;会同国土资源部、住房城乡建设部、水利部、卫生部等部门,统一规划、完善地下水环境监测网络,联合建立地下水环境监测评价体系和信息共享平台;联合国土资源部、水利部、财政部,会同有关部门开展全国地下水基础环境状况调查评估,提出地下水污染防治的对策意见。军事区域地下水污染防治工作,由总后勤部负责组织实施。各有关部门要按照职责分工,建立联动机制,密切配合,及时解决工作中存在的问题。

落实企业法律责任。有关单位应严格按照国家地下水保护和污染防治要求,切实履行监测、管理和治理责任,采取严格的防护措施,隔断地下水污染途径。对于造成污染的,应依法承担治理责任。工业危险废物堆放场、垃圾填埋场和重点石油化工企业应定期开展地下水环境监测,实施综合防治,降低污染负荷,防范环境风险。

1.1.5.2　完善法规标准、加强执法管理

建立和完善地下水污染防治法律法规体系。统筹协调相关法律法规的关系,建立健全地下水环境管理和污染防治方面的政策法规。加快制定并完善与地下水环境资源利用和管理、污染责任追究和补偿、地下水环境标准和评价等方面相关的规章。建立地下水污染责任终身追究制,对造成地下水环境危害的有关单位和个人要依法追究责任,并进行环境损害赔偿,构成犯罪的,依法移送司法机关。借鉴国际先进经验,在完善相关环境标准体系过程中,兼顾地下水环境保护的需求。各地也要加快配套法规标准体系的建设。

严格执法,依法查处违法违规行为。严格落实《水污染防治法》、环境影响评价制度和取水许可制度。对于污染地下水的建设项目和活动,要依法严格查处。对于涉及地下水污染治理工程、修复示范工程、综合整治工程以及相关人口搬迁工程的建设项目,应根据《中华人民共和国环境影响评价法》要求,开展环境影响评价工作。建立健全地下水污染责任认定、损失核算以及补偿等机制,严格执行污染物排放总量控制制度及排污许可证制度。加强地下水饮用水水源、典型污染场地和人工回灌区等区域的监督管理,进一步加强农村地区、西部地区和地下水敏感区域的环境执法,防止地下水污染较重的企业向农村或西部地区转移。建立跨部门的地下水污染防治联动机制,形成合建、共享、互动的监管体系。开展地下水污染防治专项行动,提高地下水污染防治执法、监督和管理水平。

1.1.5.3　创新经济政策、拓展融资渠道

地方各级人民政府要加大地下水污染防治的资金投入,建立多元化环保投融资机制,拓展融资渠道,落实规划项目资金,积极推进规划实施。相关企业要积极筹集治理资金,确保治理任务按时完成。要做好项目前期工作,现有相关渠道要加大对地下水污染防治项目资金的支持力度。加强与城市饮用水安全保障规划等相关规划的衔接,加强与其他污染防治项目的协调,突出重点,强化绩效。对于符合国家支持政策的规划项目,待具备条件后,可在现有投资渠道中予以统筹考虑。

进一步完善排污收费制度,加大排污费征收力度,有效调动企业治污积极性。从高制定地下水资源费征收标准,完善差别水价等政策,加大征收力度,限制地下水过量开采。探索建立受益地区对地下水饮用水水源保护区的生态补偿机制。鼓励社会资本参与污染防治设施的建设和运行。

1.1.5.4　重视科学研究、增强技术支撑

加大科技研发力度。国家重大科技专项、国家科技计划、地方科技计划要重点支持地下水污染防治等相关课题研究。加强地下水环境监测、地下水脆弱性评价、地下水环境模拟预测、地下水环境风险评估、地下水控制和修复以及地下水污染对人体健康影响等方面的研究。围绕

地下水饮用水水源污染防治、典型场地地下水污染治理、地下水污染修复、农业面源污染防治等内容，不断加大科技投入，提升地下水污染防治科技水平。

建立健全科技推广体系。鼓励大专院校、科研院所和相关企业加强针对性强、技术含量高的地下水污染防治应用技术研发。积极引进、消化、吸收国外先进适用治理技术及管理经验，开展地下水污染防治技术研究，科学制定地下水污染防治技术规范和指南，逐步建立先进实用技术目录，积极培育相关产业。

1.1.5.5　加强舆论宣传、鼓励公众参与

加强宣传教育。综合利用电视、报纸、互联网、广播、报纸、杂志等大众媒体，结合世界环境日、地球日等重要环保宣传活动，有计划、有针对性地普及地下水污染防治知识，宣传地下水污染的危害性和防治的重要性，增强公众地下水保护的危机意识，形成全社会保护地下水环境的良好氛围。依托多元主体，开展形式多样的教育活动，构建地下水环境保护全民教育体系。

1.1.5.6　强化监督检查、建立评估机制

建立检查和信息报告机制。环境保护部会同有关部门对规划落实情况及实施进度定期开展检查，确保规划各项任务落实到位。地方各级人民政府要把规划确定的目标任务完成情况定期向上一级政府报告。

加强环境监测监督。地方人民政府应制定年度监测计划，协调地方各部门制定和完善监督管理、监测方案和监测系统，对规划实施效果开展监测分析，及时提供各种监测信息，为规划顺利实施及评估提供支持。

建立规划实施评估机制。建立规划年度、中期和终期评估机制，及时了解实施进展，提出项目增补建议，判断、调整和论证规划的后续实施方案。

第 2 节　水污染防治行动计划

水环境保护事关人民群众切身利益,事关全面建成小康社会,事关实现中华民族伟大复兴中国梦。当前,我国一些地区水环境质量差、水生态受损重、环境隐患多等问题十分突出,影响和损害群众健康,不利于经济社会持续发展。为切实加大水污染防治力度,保障国家水安全,制订本行动计划。

总体要求:全面贯彻党的十八大和十八届二中、三中、四中全会精神,大力推进生态文明建设,以改善水环境质量为核心,按照“节水优先、空间均衡、系统治理、两手发力”原则,贯彻“安全、清洁、健康”方针,强化源头控制,水陆统筹、河海兼顾,对江河湖海实施分流域、分区域、分阶段科学治理,系统推进水污染防治、水生态保护和水资源管理。坚持政府市场协同,注重改革创新;坚持全面依法推进,实行最严格环保制度;坚持落实各方责任,严格考核问责;坚持全民参与,推动节水洁水人人有责,形成“政府统领、企业施治、市场驱动、公众参与”的水污染防治新机制,实现环境效益、经济效益与社会效益多赢,为建设“蓝天常在、青山常在、绿水常在”的美丽中国而奋斗。

工作目标:到 2020 年,全国水环境质量得到阶段性改善,污染严重水体较大幅度减少,饮用水安全保障水平持续提升,地下水超采得到严格控制,地下水污染加剧趋势得到初步遏制,近岸海域环境质量稳中趋好,京津冀、长三角、珠三角等区域水生态环境状况有所好转。到 2030 年,力争全国水环境质量总体改善,水生态系统功能初步恢复。到本世纪中叶,生态环境质量全面改善,生态系统实现良性循环。

主要指标:到 2020 年,长江、黄河、珠江、松花江、淮河、海河、辽河等七大重点流域水质优良(达到或优于Ⅲ类)比例总体达到 70%以上,地级及以上城市建成区黑臭水体均控制在 10%以内,地级及以上城市集中式饮用水水源水质达到或优于Ⅲ类比例总体高于 93%,全国地下水质量极差的比例控制在 15%左右,近岸海域水质优良(Ⅰ、Ⅱ类)比例达到 70%左右。京津冀区域丧失使用功能(劣于Ⅴ类)的水体断面比例下降15个百分点左右，长三角、珠三角区域力争消除丧失使用功能的水体。

到2030年，全国七大重点流域水质优良比例总体达到75%以上，城市建成区黑臭水体总体得到消除，城市集中式饮用水水源水质达到或优于Ⅲ类比例总体为95%左右。

《水污染防治行动计划》中全面控制污染物排放、着力节约保护水资源、强化科技支撑、充分发挥市场机制作用、严格环境执法监管和全力保障水生态环境安全等意见具体体现了地下水相关内容。具体内容为：

全面控制污染物排放意见提出：调整种植业结构与布局。在缺水地区试行退地减水。地下水易受污染地区要优先种植需肥需药量低、环境效益突出的农作物。地表水过度开发和地下水超采问题较严重，且农业用水比重较大的甘肃、新疆（含新疆生产建设兵团）、河北、山东、河南等五省（区），要适当减少用水量较大的农作物种植面积，改种耐旱作物和经济林；2018年底前，对3 300万亩灌溉面积实施综合治理，退减水量37亿m^3以上。（农业部、水利部牵头，发展改革委、国土资源部等参与）

着力节约保护水资源意见提出：严控地下水超采。在地面沉降、地裂缝、岩溶塌陷等地质灾害易发区开发利用地下水，应进行地质灾害危险性评估。严格控制开采深层承压水，地热水、矿泉水开发应严格实行取水许可和采矿许可。依法规范机井建设管理，排查登记已建机井，未经批准的和公共供水管网覆盖范围内的自备水井，一律予以关闭。编制地面沉降区、海水入侵区等区域地下水压采方案。开展华北地下水超采区综合治理，超采区内禁止工农业生产及服务业新增取用地下水。京津冀区域实施土地整治、农业开发、扶贫等农业基础设施项目，不得以配套打井为条件。2017年年底前，完成地下水禁采区、限采区和地面沉降控制区范围划定工作，京津冀、长三角、珠三角等区域提前一年完成。（水利部、国土资源部牵头，发展改革委、工业和信息化部、财政部、住房城乡建设部、农业部等参与）

强化科技支撑意见提出：攻关研发前瞻技术。整合科技资源，通过相关国家科技计划(专项、基金)等,加快研发重点行业废水深度处理、生活污水低成本高标准处理、海水淡化和工业高盐废水脱盐、饮用水微量有毒污染物处理、地下水污染修复、危险化学品事故和水上溢油应急处置等技术。开展有机物和重金属等水环境基准、水污染对人体健康影响、新型污染物风险评价、水环境损害评估、高品质再生水补充饮用水水源等研究。加强水生态保护、农业面源污染防治、水环境监控预警、水处理工艺技术装备等领域的国际交流合作。(科技部牵头,发展改革委、工业和信息化部、国土资源部、环境保护部、住房城乡建设部、水利部、农业部、卫生计生委等参与)

充分发挥市场机制作用意见提出:理顺价格税费。加快水价改革。县级及以上城市应于2015年年底前全面实行居民阶梯水价制度,具备条件的建制镇也要积极推进。2020年年底前,全面实行非居民用水超定额、超计划累进加价制度。深入推进农业水价综合改革。(发展改革委牵头,财政部、住房城乡建设部、水利部、农业部等参与)

完善收费政策。修订城镇污水处理费、排污费、水资源费征收管理办法,合理提高征收标准,做到应收尽收。城镇污水处理收费标准不应低于污水处理和污泥处理处置成本。地下水水资源费征收标准应高于地表水,超采地区地下水水资源费征收标准应高于非超采地区。(发展改革委、财政部牵头,环境保护部、住房城乡建设部、水利部等参与)

严格环境执法监管意见提出:完善法规标准。健全法律法规。加快水污染防治、海洋环境保护、排污许可、化学品环境管理等法律法规制修订步伐,研究制定环境质量目标管理、环境功能区划、节水及循环利用、饮用水水源保护、污染责任保险、水功能区监督管理、地下水管理、环境监测、生态流量保障、船舶和陆源污染防治等法律法规。各地可结合实际,研究起草地方性水污染防治法规。(法制办牵头,发展改革委、工业和信息化部、国土资源部、环境保护部、住房城乡建设部、交通运输部、水利部、农业部、卫生计生委、保监会、海洋局等参与)

完善标准体系。制修订地下水、地表水和海洋等环境质量标准,城镇污水处理、污泥处理处置、农田退水等污染物排放标准。健全重点行业水污染物特别排放限值、污染防治技术政策和清洁生产评价指标体系。各地可制定严于国家标准的地方水污染物排放标准。（环境保护部牵头，发展改革委、工业和信息化部、国土资源部、住房城乡建设部、水利部、农业部、质检总局等参与）

完善水环境监测网络。统一规划设置监测断面（点位）。提升饮用水水源水质全指标监测、水生生物监测、地下水环境监测、化学物质监测及环境风险防控技术支撑能力。2017 年年底前，京津冀、长三角、珠三角等区域、海域建成统一的水环境监测网。（环境保护部牵头，发展改革委、国土资源部、住房城乡建设部、交通运输部、水利部、农业部、海洋局等参与）

全力保障水生态环境安全意见提出：防治地下水污染。定期调查评估集中式地下水型饮用水水源补给区等区域环境状况。石化生产存贮销售企业和工业园区、矿山开采区、垃圾填埋场等区域应进行必要的防渗处理。加油站地下油罐应于 2017 年年底前全部更新为双层罐或完成防渗池设置。报废矿井、钻井、取水井应实施封井回填。公布京津冀等区域内环境风险大、严重影响公众健康的地下水污染场地清单，开展修复试点。（环境保护部牵头，财政部、国土资源部、住房城乡建设部、水利部、商务部等参与）

第 3 节　中共中央关于制定国民经济和社会发展第十三个五年规划的建议

到 2020 年全面建成小康社会，是我们党确定的“两个一百年”奋斗目标的第一个百年奋斗目标。“十三五”时期是全面建成小康社会决胜阶段，“十三五”规划必须紧紧围绕实现这个奋斗目标来制定。

中国共产党第十八届中央委员会第五次全体会议全面分析国际国内形势，认为如期全面建成小康社会既具有充分条件也面临艰巨任务，必须在新中国成立特别是改革开放以来打下的坚实基础上坚定信心、锐意进取、奋发有为。全会研究了“十三五”时期我国发展的一系列重大问题，就制定“十三五”规划提出了相关建议。

其中与地下水相关内容为第五条建议（坚持绿色发展，着力改善生态环境)的第四条内容,全面节约和高效利用资源。坚持节约优先,树立节约集约循环利用的资源观。具体为:实行最严格的水资源管理制度,以水定产、以水定城,建设节水型社会。合理制定水价,编制节水规划,实施雨洪资源利用、再生水利用、海水淡化工程,建设国家地下水监测系统,开展地下水超采区综合治理。坚持最严格的节约用地制度,调整建设用地结构,降低工业用地比例,推进城镇低效用地再开发和工矿废弃地复垦,严格控制农村集体建设用地规模。探索实行耕地轮作休耕制度试点。

第4节　中共中央　国务院关于全面加强生态环境保护　坚决打好污染防治攻坚战的意见

良好生态环境是实现中华民族永续发展的内在要求,是增进民生福祉的优先领域。为深入学习贯彻习近平新时代中国特色社会主义思想和党的十九大精神,决胜全面建成小康社会,全面加强生态环境保护,打好污染防治攻坚战,提升生态文明,建设美丽中国,共提出包括深刻认识生态环境保护面临的形势、深入贯彻习近平生态文明思想、全面加强党对生态环境保护的领导、总体目标和基本原则、推动形成绿色发展方式和生活方式、坚决打赢蓝天保卫战以及着力打好碧水保卫战在内的七条意见。

关于着力打好碧水保卫战的意见中,命题提出了打好水源地保护攻坚战的要求。加强水源水、出厂水、管网水、末梢水的全过程管理。划定集中式饮用水水源保护区,推进规范化建设。强化南水北调水源地及沿线生态环境保护。深化地下水污染防治。全面排查和整治县级及以上城市水源保护区内的违法违规问题,长江经济带于2018年年底前、其他地区于2019年年底前完成。单一水源供水的地级及以上城市应当建设应急水源或备用水源。定期监(检)测、评估集中式饮用水水源、供水单位供水和用户水龙头水质状况,县级及以上城市至少每季度向社会公开一次。

第5节 地下水污染防治实施方案

为贯彻落实习近平总书记对地下水污染防治工作的重要批示精神,落实《中共中央 国务院关于全面加强生态环境保护 坚决打好污染防治攻坚战的意见》中提出的“深化地下水污染防治”要求,结合《水污染防治行动计划》(以下简称《水十条》)、《土壤污染防治行动计划》(以下简称《土十条》)和《农业农村污染治理攻坚战行动计划》等有关工作部署和相关任务,保障地下水安全,加快推进地下水污染防治,制定本实施方案。

1.5.1 总体要求

1.5.1.1 指导思想

以习近平新时代中国特色社会主义思想为指导,全面贯彻党的十九大和十九届二中、三中全会精神,认真落实党中央、国务院决策部署,牢固树立和践行绿色发展理念,以保护和改善地下水环境质量为核心,坚持源头治理、系统治理、综合治理,强化制度制定、监测评估、监督执法、督察问责,推动完善中央统筹、省负总责、市县抓落实的工作机制,形成“一岗双责”、齐抓共管的工作格局,建立科学管理体系,选择典型区域先行先试,按照“分区管理、分类防控”工作思路,从“强基础、建体系、控风险、保安全”四方面,加快监管基础能力建设,建立健全法规标准体系,加强污染源源头防治和风险管控,保障国家水安全,实现地下水资源可持续利用,推动经济社会可持续发展。

1.5.1.2 基本原则

(1)预防为主,综合施策。持续开展地下水环境状况调查评估,加强地下水环境监管,制定并实施地下水污染防治政策及技术工程措施,推进地表水、地下水和土壤污染协同控制,综合运用法律、经济、技术和必要的行政手段,开展地下水污染防治和生态保护工作,以预防为主,坚持防治结合,推动全国地下水环境质量持续改善。

(2)突出重点,分类指导。以扭住“双源”(集中式地下水型饮用水源和地下水污染源）为重点，保障地下水型饮用水源环境安全，严控地下水污染源。综合分析水文地质条件和地下水污染特征，分类指导，制定相应的防治对策，切实提升地下水污染防治水平。

（3）问题导向，风险防控。聚焦地下水型饮用水源安全保障薄弱、污染源多且环境风险大、法规标准体系不健全、环境监测体系不完善、保障不足等问题，结合重点区域、重点行业特点，加强地下水污染风险防控体系建设。

（4）明确责任，循序渐进。完善地下水污染防治目标责任制，建立水质变化趋势和污染防治措施双重评估考核制、“谁污染谁修复、谁损害谁赔偿”责任追究制。统筹考虑地下水污染防治工作的轻重缓急，分期分批开展试点示范，有序推进地下水污染防治和生态保护工作。

1.5.1.3　主要目标

到2020年，初步建立地下水污染防治法规标准体系、全国地下水环境监测体系；全国地下水质量极差比例控制在15%左右；典型地下水污染源得到初步监控，地下水污染加剧趋势得到初步遏制。

到2025年，建立地下水污染防治法规标准体系、全国地下水环境监测体系；地级及以上城市集中式地下水型饮用水源水质达到或优于Ⅲ类比例总体为85%左右；典型地下水污染源得到有效监控，地下水污染加剧趋势得到有效遏制。

到2035年，力争全国地下水环境质量总体改善，生态系统功能基本恢复。

1.5.2　主要任务

主要围绕实现近期目标“一保、二建、三协同、四落实”：“一保”，即确保地下水型饮用水源环境安全；“二建”，即建立地下水污染防治法规标准体系、全国地下水环境监测体系；“三协同”，即协同地表水与地下水、土壤与地下水、区域与场地污染防治；“四落实”，即落实《水十条》确定的四项重点任务，开展调查评估、防渗改造、修复试点、封井回填工作。

1.5.2.1　保障地下水型饮用水源环境安全

(1)加强城镇地下水型饮用水源规范化建设。2020 年年底前,在地下水型饮用水源环境保护状况评估的基础上,逐步推进城镇地下水型饮用水源保护区划定,提高饮用水源规范化建设水平,依法清理水源保护区内违法建筑和排污口;针对人为污染造成水质超标的地下水型饮用水源,各省(区、市)组织制定、实施地下水修复(防控)方案,开展地下水污染修复(防控)工程示范;对难以恢复饮用水源功能且经水厂处理水质无法满足标准要求的水源,应按程序撤销、更换。(生态环境部牵头,自然资源部、住房城乡建设部、水利部等参与,地方相关部门负责落实。以下均需地方相关部门落实,不再列出)

(2)强化农村地下水型饮用水源保护。落实《农业农村污染治理攻坚战行动计划》相关任务,2020 年年底前,完成供水人口在 10 000 人或日供水 1 000 t 以上的地下水型饮用水源调查评估和保护区划定工作,农村地下水型饮用水源保护区的边界要设立地理界标、警示标志或宣传牌。督促指导县级以上地方人民政府组织相关部门监测和评估本行政区域内饮用水源、供水单位供水和用户水龙头出水的水质等状况。加强农村饮用水水质监测,各地按照国家相关标准,结合本地水质本底状况,确定监测项目并组织实施。以供水人口在 10 000 人或日供水 1 000 t 以上的地下水型饮用水源保护区为重点,对可能影响农村地下水型饮用水源环境安全的风险源进行排查。对水质不达标的水源,采取水源更换、集中供水、污染治理等措施,确保农村供水安全。(生态环境部牵头,水利部、农业农村部、卫生健康委等参与)

1.5.2.2　建立健全法规和标准规范体系

(1)完善地下水污染防治规划体系。2020 年年底前,制定《全国地下水污染防治规划(2021—2025 年)》,细化落实《中华人民共和国水污染防治法》《中华人民共和国土壤污染防治法》的要求,以保护和改善地下水环境质量为核心,坚持“源头治理、系统治理、综合治理”,落实地下水污染防治主体责任,包括地下水污染状况调查、监测、评估、风险防控、修复等,实现地下水污染防治全面监管,京津冀、长江经济带等重点地区地下水水质有所改善。(生态环境部牵头,发展改革委、自

然资源部、住房城乡建设部、水利部、农业农村部等参与）

（2）制修订标准规范。按地下水污染防治工作流程，在调查、监测、评估、风险防控、修复等方面，研究制修订地下水污染防治相关技术规范、导则、指南等。2019 年上半年，研究制定地下水环境状况调查评价、地下水环境监测、地下水污染风险评估、地下水污染防治分区划分、废弃井封井回填等工作相关技术指南；2019 年下半年，研究制定污染场地地下水修复、地下水污染模拟预测、地下水污染防渗、地下水污染场地清单等工作相关技术导则、指南；2020 年，研究制定地下水污染渗透反应格栅修复、地下水污染地球物理探测、地下水污染源同位素解析、地下水污染抽出-处理等工作相关技术指南、规范。（生态环境部牵头，自然资源部、水利部、农业农村部等参与）

1.5.2.3　建立地下水环境监测体系

（1）完善地下水环境监测网。2020 年年底前，衔接国家地下水监测工程，整合建设项目环评要求设置的地下水污染跟踪监测井、地下水型饮用水源开采井、土壤污染状况详查监测井、地下水基础环境状况调查评估监测井、《中华人民共和国水污染防治法》要求的污染源地下水水质监测井等，加强现有地下水环境监测井的运行维护和管理，完善地下水监测数据报送制度。2025 年年底前，构建全国地下水环境监测网，按照国家和行业相关监测、评价技术规范，开展地下水环境监测。京津冀、长江经济带等重点区域提前一年完成。（生态环境部、自然资源部、水利部按职责分工负责）

（2）构建全国地下水环境监测信息平台。按照“大网络、大系统、大数据”的建设思路，积极推进数据共享共用，2020 年年底前，构建全国地下水环境监测信息平台框架。2025 年年底前，完成地下水环境监测信息平台建设。（生态环境部、自然资源部、水利部按职责分工负责）

1.5.2.4　加强地下水污染协同防治

（1）重视地表水、地下水污染协同防治。加快城镇污水管网更新改造，完善管网收集系统，减少管网渗漏；地方各级人民政府有关部门应当统筹规划农业灌溉取水水源，使用污水处理厂再生水的，应当严格执行《农田灌溉水质标准》（GB 5084）和《城市污水再生利用农田灌溉用水水质》(GB 20922),且不低于《城镇污水处理厂污染物排放标准》(GB 18918)一级 A 排放标准要求;避免在土壤渗透性强、地下水位高、地下水露头区进行再生水灌溉。降低农业面源污染对地下水水质影响,在地下水“三氮”超标地区、国家粮食主产区推广测土配方施肥技术,积极发展生态循环农业。(生态环境部、住房城乡建设部、农业农村部按职责分工负责)

(2)强化土壤、地下水污染协同防治。认真贯彻落实《中华人民共和国土壤污染防治法》《土十条》地下水污染防治的相关要求。对安全利用类和严格管控类农用地地块的土壤污染影响或可能影响地下水的,制定污染防治方案时,应纳入地下水的内容;对污染物含量超过土壤污染风险管控标准的建设用地地块,土壤污染状况调查报告应当包括地下水是否受到污染等内容;对列入风险管控和修复名录中的建设用地地块,实施风险管控措施应包括地下水污染防治的内容;实施修复的地块,修复方案应当包括地下水污染修复的内容;制定地下水污染调查、监测、评估、风险防控、修复等标准规范时,做好与土壤污染防治相关标准规范的衔接。在防治项目立项、实施以及绩效评估等环节上,力求做到统筹安排、同步考虑、同步落实。(生态环境部牵头,自然资源部、农业农村部等参与)

(3)加强区域与场地地下水污染协同防治。2019 年年底前,试点省(区、市)完成地下水污染防治分区划分,地下水污染防治分区划分技术要求见附件 1(略)。2020 年,各省(区、市)全面开展地下水污染分区防治,提出地下水污染分区防治措施,实施地下水污染源分类监管。场地层面,重点开展以地下水污染修复(防控)为主(如利用渗井、渗坑、裂隙、溶洞,或通过其他渗漏等方式非法排放水污染物造成地下水含水层直接污染,或已完成土壤修复尚未开展地下水污染修复防控工作),以及以保护地下水型饮用水源环境安全为目的的场地修复(防控)工作。(生态环境部、自然资源部、农业农村部按职责分工负责)

1.5.2.5 以落实《水十条》任务及试点示范为抓手推进重点污染源风险防控

(1)落实《水十条》任务。持续开展调查评估。继续推进城镇集中式地下水型饮用水源补给区、化工企业、加油站、垃圾填埋场和危险废物处置场等区域周边地下水基础环境状况调查。针对存在人为污染的地下水，开展详细调查，评估其污染趋势和健康风险，若风险不可接受，应开展地下水污染修复(防控)工作。(生态环境部牵头，自然资源部、住房城乡建设部、水利部、农业农村部、卫生健康委等参与)

开展防渗改造。加快推进完成加油站埋地油罐双层罐更新或防渗池设置，加油站防渗改造核查标准见附件2(略)。2020年年底前，各省(区、市)对高风险的化学品生产企业以及工业集聚区、矿山开采区、尾矿库、危险废物处置场、垃圾填埋场等区域开展必要的防渗处理。(生态环境部牵头，自然资源部、住房城乡建设部、商务部等参与)

公布地下水污染场地清单并开展修复试点。2019年6月底前，出台地下水污染场地清单公布办法。2019年年底前，京津冀等区域地方人民政府公布环境风险大、严重影响公众健康的地下水污染场地清单，开展修复试点，地下水污染场地清单公布技术要求见附件3(略)。(生态环境部牵头，自然资源部、住房城乡建设部参与)

实施报废矿井、钻井、取水井封井回填。2019年，开展报废矿井、钻井、取水井排查登记。2020年，推进封井回填工作。矿井、钻井、取水井因报废、未建成或者完成勘探、试验任务的，各地督促工程所有权人按照相关技术标准开展封井回填。对已经造成地下水串层污染的，各地督促工程所有权人对造成的地下水污染进行治理和修复。(生态环境部、自然资源部、水利部按职责分工负责)

(2)开展试点示范。确认试点示范区名单。各省(区、市)在开展地下水基础环境状况调查评估的基础上，择优推荐试点示范区名单，并提交《示范区地下水污染防治实施方案》。生态环境部、财政部会同有关部门组织评审。2019年年底前，各省(区、市)选择报送8~10个防渗改造试点区，20~30个报废矿井、钻井、取水井封井回填试点区。2020年年底前，各省(区、市)选择报送8~10个防渗改造试点区，20~30个报废矿井、钻井、取水井封井回填试点区，5~10个地下水污染修复试点区。2021~2025年，试点示范区根据需要再作安排。(生态环境部牵头，自然资源部、水利部、财政部参与)

组织开展试点示范评估。建立"进展调度、督导检查、综合评估、能进能出"的评估管理机制,按照生态环境部统一计划和要求,适时组织实施评估。评估对象为试点示范区人民政府。评估包括自评估、实地检查、综合评估。综合评估结果分为优秀、良好、合格、不合格四个等次。评估结果作为地下水污染防治相关资金分配安排的参考依据,对评估优秀的示范区给予通报表扬,对评估不合格的示范区要求整改,整改期一年。整改期结束后,仍不合格的,取消示范区资格。(生态环境部牵头,自然资源部、住房城乡建设部、水利部、农业农村部等参与)

1.5.3 保障措施

1.5.3.1 加强组织领导

完善中央统筹、省负总责、市县抓落实的工作推进机制。中央有关部门要根据本方案要求,密切协作配合,形成工作合力。生态环境部对地下水污染防治统一监督,有关部门加强地下水污染防治信息共享、定期会商、评估指导,形成"一岗双责"、齐抓共管的工作格局。(生态环境部牵头,自然资源部、住房城乡建设部、水利部、农业农村部等参与)

1.5.3.2 加大资金投入

推动建立中央支持鼓励、地方政府支撑、企事业单位承担、社会资本积极参与的多元化环保融资机制。地方各级人民政府根据地下水污染防治需要保障资金投入,建立多元化环保投融资机制,依法合规拓展融资渠道,确保污染防治任务按时完成。(财政部牵头,发展改革委、生态环境部、水利部等参与)

1.5.3.3 强化科技支撑

加强与其他污染防治项目的协调,整合科技资源,通过相关国家科技计划(专项、基金)等,加快研发地下水污染环境调查、监测与预警技术、污染源治理与重点行业污染修复重大技术。进一步加强地下水科技支撑能力建设,优化和整合污染防治专业支撑队伍,开展污染防治专业技术培训,提高专业人员素质和技能。(科技部牵头,发展改革委、工业和信息化部、自然资源部、生态环境部、住房城乡建设部、水利部、农业农村部等参与)

1.5.3.4 加大科普宣传

综合利用电视、报纸、互联网、广播、报刊等媒体,结合六五环境日、世界地球日等重要环保宣传活动,有计划、有针对性地普及地下水污染防治知识,宣传地下水污染的危害性和防治的重要性,增强公众地下水保护的危机意识,形成全社会保护地下水环境的良好氛围。依托多元主体,开展形式多样的科普活动,构建地下水污染防治和生态保护全民科学素质体系。(生态环境部牵头,教育部、自然资源部、住房城乡建设部、水利部等参与)

1.5.3.5 落实地下水生态环境保护和监督管理责任

强化“党政同责”“一岗双责”的地方责任。各省(区、市)负责本地区地下水污染防治,要在摸清底数、总结经验的基础上,抓紧编制省级地下水污染防治实施方案。加快治理本地区地下水污染突出问题,明确牵头责任部门、实施主体,提供组织和政策保障,做好监督考核。

落实“谁污染谁修复、谁损害谁赔偿”的企业责任。重点行业企业切实担负起主体责任,按照相关要求落实地下水污染防治设施建设、维护运行、日常监测、信息上报等工作任务。加强督察问责,落实各项任务。生态环境部将地下水污染防治目标完成及责任落实情况纳入中央生态环境保护督察范畴,对承担地下水污染防治职责的有关地方进行督察,倡优纠劣,强化问责,督促加快工作进度,确保如期完成地下水污染防治各项任务。(生态环境部牵头,自然资源部、住房城乡建设部、水利部、农业农村部等参与)

第2章　地下水检测标准方法汇编

第1节　地下水常规指标检测标准方法汇编

2.1.1　色度

纯净的地下水一般是无色透明的，当水体中含有水合金属离子（铁、锰、铜等）、腐殖质、泥炭、藻类和浮游生物等则表现出颜色。水的颜色又可分为真色和表色。真色是指水中无悬浮物质或经离心过滤后已除去浊度的水样的颜色；表色是指原始水样不过滤、不离心的表观颜色。

方法依据：主要依据《地下水质检验方法　色度的测定》（DZ/T 0064.4—1993）和《水质　色度的测定》（GB 11903—1989）。

检测原理：用氯铂酸钾和氯化钴配制颜色标准溶液，与被测样品进行目视比较，以测定样品的颜色强度，再将水样与已知浓度的标准系列比较而进行测定。

检测设备：具塞比色管。

2.1.2　臭和味

代表地下水体对人体嗅觉是否存在刺激。

方法依据：主要依据《生活饮用水标准检验方法　感官性状和物理指标》（GB/T 5750.4—2006）嗅气和尝味法。

检测原理：用嗅气味和尝味法测定水中的臭和味。

检测设备：具塞比色管。

2.1.3　浑浊度

浑浊度是水体物理性状指标之一。它表征水中悬浮物质等阻碍光线透过的程度。

方法依据：主要依据《水质　浊度的测定》(GB 13200—1991)。

检测原理：①在适当的温度下，硫酸肼与六次甲基四胺聚合，形成白色高分子聚合物，以此作为浊度标准液，在一定条件下与水样浊度相比较；②将水样与用硅藻土配制的浊度标准溶液进行比较，规定相当于1 mg一定粒度的硅藻土在1 000 mL水中所产生的浊度为1度。

检测设备：具塞比色管。

2.1.4　肉眼可见物

肉眼可见物指水中存在的，能以肉眼观察到的颗粒或其他悬浮物质。

方法依据：主要依据《生活饮用水标准检验方法　感官性状和物理指标》(GB/T 5750.4—2006)直接观察法。

检测原理：用直接观察法测定水中的肉眼可见物。

检测设备：具塞比色管。

2.1.5　pH

pH是表示溶液中氢离子活度的一种标度，也就是通常意义上溶液酸碱程度的衡量标准。

方法依据：主要依据《地下水质检验方法　玻璃电极法测定pH值》(DZ/T 0064.5—1993)和《水质　pH值的测定　玻璃电极法》(GB 6920—1986)。

检测原理：pH值由测量电池的电动势而得。该电池通常以饱和甘汞电极为参比电极，玻璃电极为指示电极所组成。在25 ℃时，溶液中每变化一个pH单位，电位差改变为59.16 mV，据此在仪器上直接以pH的读数表示。

检测设备：便携式水质分析仪。

2.1.6　总硬度

总硬度主要描述钙离子和镁离子的含量。

方法依据:主要依据《水质　钙和镁总量的测定　EDTA 滴定法》(GB 7477—1987)。

检测原理:在 pH=10 的条件下,用 EDTA 溶液络合滴定钙离子和镁离子。铬黑 T 作指示剂,与钙离子和镁离子生成紫红色或紫色溶液。滴定中,游离的钙离子和镁离子首先与 EDTA 反应,跟指示剂络合的钙离子和镁离子随后与 EDTA 反应,到达终点时溶液的颜色由紫色变为天蓝色。

检测设备:酸式滴定管。

2.1.7　溶解性总固体

溶解性总固体是指溶解在水中的固体(如氯化物、硫酸盐、硝酸盐、重碳酸盐及硅酸盐等)的总量。

方法依据:主要依据《地下水质检验方法　溶解性固体总量的测定》(DZ/T 0064.9—1993)。

检测原理:①取适量体积的清澈水样蒸发、105 ℃烘干、称重,即得到溶解性固体总量。测定时,所取水样的体积应根据水样中所含溶解性固体总量的大小而定。一般取样体积以能获得约 100 mg 的干渣为宜。②当水样中有永久硬度存在时,用①法测定溶解性固体总量的结果往往偏高,其原因是:蒸干时,永久硬度部分的钙、镁生成硫酸盐或氧化物;钙、镁的硫酸盐所含的结晶水在 105 ℃不易完全被除去;而钙、镁的氧化物在烘干后具有强烈的吸湿性,在冷却与称重过程中易吸收空气中的水分。为此在测定时,向水样中先加入适量的碳酸钠,使钙、镁在加热蒸发过程中转化为碳酸盐。干渣在(180±2)℃烘干。测定时,所取水样的体积应根据水样中所含溶解性固体总量的大小而定。一般取样体积以能获得约 100 mg 的干渣为宜。

检测设备:电子天平。

2.1.8　硫酸盐

(1)方法依据:主要依据《水质　硫酸盐的测定　重量法》(GB 11899—1989)。

检测原理:在盐酸溶液中,硫酸盐与加入的氯化钡反应形成硫酸钡沉淀。沉淀反应在接近沸腾的温度下进行并在陈化一段时间之后过滤,用水洗到无氯离子,烘干或灼烧沉淀,称硫酸钡的质量。

检测设备:电子天平。

(2)方法依据:主要依据《水中无机阴离子的测定(离子色谱法)》(SL 86—1994)。

检测原理:离子色谱法测定无机阴离子是利用离子交换原理进行分离的,由抑制柱扣除淋洗液背景电导,然后利用电导检测器进行测定。根据混合标准溶液中各阴离子出峰的保留时间及峰高进行定性和定量测定各种阴离子。

检测设备:离子色谱仪。

(3)方法依据:主要依据《水质　无机阴离子(F^-、Cl^-、NO_2^-、Br^-、NO_3^-、PO_4^{3-}、SO_3^{2-}、SO_4^{2-})的测定　离子色谱法》(HJ 84—2016)。

检测原理:水质样品中的阴离子,经阴离子色谱柱交换分离,抑制型电导检测器检测,根据保留时间定性,峰高或峰面积定量。

检测设备:离子色谱仪。

2.1.9　氯化物

(1)方法依据:主要依据《水质　氯化物的测定　硝酸银滴定法》(GB 11896—1989)。

检测原理:在中性至弱碱性范围内($pH = 6.5 \sim 10.5$),以铬酸钾为指示剂,用硝酸银滴定氯化物时,由于氯化银的溶解度小于铬酸钾的溶解度,氯离子首先被完全沉淀出来后,然后铬酸盐以铬酸银的形式被沉淀,产生砖红色沉淀,指示滴定终点到达。

指标标准物质:需要标准物质进行定性、定量。

检测设备:酸式滴定管。

(2)方法依据:主要依据《水中无机阴离子的测定(离子色谱法)》(SL 86—1994)。

检测原理:详见2.1.8(2)中检测原理。

指标标准物质:需要标准物质进行定性、定量。

检测设备:离子色谱仪。

(3)方法依据:主要依据《水质 无机阴离子(F^-、Cl^-、NO_2^-、Br^-、NO_3^-、PO_4^{3-}、SO_3^{2-}、SO_4^{2-})的测定 离子色谱法》(HJ 84—2016)。

检测原理:详见2.1.8(3)中检测原理。

检测设备:离子色谱仪。

2.1.10 铁

(1)方法依据:主要依据《水质 65种元素的测定 电感耦合等离子体质谱法》(HJ 700—2014)。

检测原理:水样经预处理后,采用电感耦合等离子体质谱进行检测,根据元素的质谱图或特征离子进行定性,内标法定量,样品由载气带入雾化系统进行雾化后,以气溶胶形式进入等离子体的轴向通道,在高温和惰性气体中被充分蒸发、解离、原子化和电离,转化成的带电荷的正离子经离子采集系统进入质谱仪,质谱仪根据离子的质荷比即元素的质量数进行分离并定性、定量分析。在一定浓度范围内,元素质量数处所对应的信号响应值与其浓度成正比。

指标标准物质:需要标准物质进行定性、定量。

检测设备:电感耦合等离子体质谱仪。

(2)方法依据:主要依据《水质 铁、锰的测定 火焰原子吸收分光光度法》(GB 11911—1989)。

检测原理:将样品或消解处理过的样品直接吸入火焰中,铁、锰的化合物易于原子化,可分别与248.3 nm和279.5 nm处测量铁、锰基态原子对其空心阴极灯特征辐射的吸收。在一定条件下,根据吸光度与待测样品中金属浓度成正比。

指标标准物质:需要标准物质进行定性、定量。

检测设备:原子吸收仪。

(3)方法依据:主要依据《铅、镉、钒、磷等 34 种元素的测定——电感耦合等离子体质谱法(ICP-MS)》(SL 394.2—2007)。

检测原理:电感耦合等离子体质谱法是将高频发生器提供的高频能量加到感应线圈上,使等离子体炬管在线圈中产生高频电磁场,用微火花引燃,使炬管中的氢气电离,产生离子和电子而导电。导电气体受高频电磁场作用形成一耦合线圈同心的涡流区,强大的高频感应电流产生高温,在炬管口形成火炬状的稳定的等离子体炬焰。液态样品由载气(氩气)带入雾化系统进行雾化,并以气溶胶形式进入炬管的中心通道,在高温和惰性气体中充分电离,离子经透镜系统提取、聚焦后进入质量分析器,并按其不同质荷比被分离。离子信号由倍增器接收,经放大后进行检测。根据离子的特征质量可定性检测该元素的存在与否;元素的离子流强调与该元素的浓度成正比,可确定试样中该元素的含量。

指标标准物质:需要标准物质进行定性、定量。

检测设备:电感耦合等离子体质谱仪。

2.1.11　锰

(1)方法依据:主要依据《水质　65 种元素的测定　电感耦合等离子体质谱法》(HJ 700—2014)。

检测原理:详见 2.1.10(1)中检测原理。

指标标准物质:需要标准物质进行定性、定量。

检测设备:电感耦合等离子体质谱仪。

(2)方法依据:主要依据《水质　铁、锰的测定　火焰原子吸收分光光度法》(GB 11911—1989)。

检测原理:详见 2.1.10(2)中检测原理。

指标标准物质:需要标准物质进行定性、定量。

检测设备:原子吸收仪。

(3)方法依据:主要依据《铅、镉、钒、磷等 34 种元素的测定——电感耦合等离子体质谱法(ICP-MS)》(SL 394.2—2007)。

检测原理:详见 2.1.10(3)中检测原理。

指标标准物质:需要标准物质进行定性、定量。

检测设备:电感耦合等离子体质谱仪。

2.1.12 铜

(1)方法依据:主要依据《水质 65种元素的测定 电感耦合等离子体质谱法》(HJ 700—2014)。

检测原理:详见2.1.10(1)中检测原理。

指标标准物质:需要标准物质进行定性、定量。

检测设备:电感耦合等离子体质谱仪。

(2)方法依据:主要依据《水质 铜、锌、铅、镉的测定 原子吸收分光光度法》(GB 7475—1987)。

检测原理:①直接法:将样品或消解处理过的样品直接吸入火焰,在火焰中形成的原子对特征电磁辐射产生吸收,将测得的样品吸光度和标准溶液的吸光度进行比较,确定样品中被测元素的浓度。②螯合萃取法:吡咯烷二硫代氨基甲酸铵在pH=3.0时与被测金属离子螯合后萃入甲基异丁基甲酮中,然后吸入火焰进行原子吸收光谱测定。

指标标准物质:需要标准物质进行定性、定量。

检测设备:原子吸收仪。

(3)方法依据:主要依据《铅、镉、钒、磷等34种元素的测定——电感耦合等离子体质谱法(ICP-MS)》(SL 394.2—2007)。

检测原理:详见2.1.10(3)中检测原理。

指标标准物质:需要标准物质进行定性、定量。

检测设备:电感耦合等离子体质谱仪。

2.1.13 锌

(1)方法依据:主要依据《水质 65种元素的测定 电感耦合等离子体质谱法》(HJ 700—2014)。

检测原理:详见2.1.10(1)中检测原理。

指标标准物质:需要标准物质进行定性、定量。

检测设备:电感耦合等离子体质谱仪。

(2)方法依据:主要依据《水质　铜、锌、铅、镉的测定　原子吸收分光光度法》(GB 7475—1987)。

检测原理:详见2.1.12(2)中检测原理。

指标标准物质:需要标准物质进行定性、定量。

检测设备:原子吸收仪。

(3)方法依据:主要依据《铅、镉、钒、磷等34种元素的测定——电感耦合等离子体质谱法(ICP-MS)》(SL 394.2—2007)。

检测原理:详见2.1.10(3)中检测原理。

指标标准物质:需要标准物质进行定性、定量。

检测设备:电感耦合等离子体质谱仪。

2.1.14　铝

(1)方法依据:主要依据《水质　65种元素的测定　电感耦合等离子体质谱法》(HJ 700—2014)。

检测原理:详见2.1.10(1)中检测原理。

指标标准物质:需要标准物质进行定性、定量。

检测设备:电感耦合等离子体质谱仪。

(2)方法依据:主要依据《铅、镉、钒、磷等34种元素的测定——电感耦合等离子体质谱法(ICP-MS)》(SL 394.2—2007)。

检测原理:详见2.1.10(3)中检测原理。

指标标准物质:需要标准物质进行定性、定量。

检测设备:电感耦合等离子体质谱仪。

2.1.15　挥发性酚类(以苯酚计)

挥发性酚类(以苯酚计)指随水蒸气蒸馏出并能和4-氨基安替比林反应生成有色化合物的挥发性酚类化合物,结果以苯酚计。

(1)方法依据:主要依据《水质　挥发酚的测定 4-氨基安替比林分光光度法》(HJ 503—2009)。

检测原理:①萃取分光光度法:用蒸馏法使挥发性酚类化合物蒸馏出,并与干扰物质和固定剂分离。由于酚类化合物的挥发速度是随馏出液体积而变化的,因此馏出体积必须与试样体积相等。被蒸馏出的酚类化合物,在 pH=10.0±0.2 介质中,铁氰化钾存在下,与4-氨基安替比林反应生成橙红色的安替比林染料,用三氯甲烷萃取后,在 460 nm 波长下测定吸光度。②直接分光光度法:用蒸馏法使挥发性酚类化合物蒸馏出,并与干扰物质和固定剂分离。由于酚类化合物的挥发速度是随馏出液体积而变化的,因此馏出体积必须与试样体积相等。被蒸馏出的酚类化合物,在 pH=10.0±0.2 介质中,铁氰化钾存在下,与4-氨基安替比林反应生成橙红色的安替比林染料。显色后,在 30 min 内,于 510 nm 波长处测定吸光度。

指标标准物质:需要标准物质进行定性、定量。

检测设备:紫外可见分光光度计。

(2)方法依据:主要依据《水质　挥发酚的测定　溴化容量法》(HJ 502—2009)。

检测原理:用蒸馏法使挥发性酚类化合物蒸馏出,并与干扰物质和固定剂分离。由于酚类化合物的挥发速度是随馏出液体积而变化,因此馏出体积必须与试样体积相等。在含过量溴(由溴酸钾和溴化钾所产生)的溶液中,被蒸馏出的酚类化合物与溴生成三溴酚,并进一步生成溴代三溴酚,在剩余的溴与碘化钾作用、释放出游离碘的同时,溴代三溴酚与碘化钾反应生成三溴酚和游离碘,用硫代硫酸钠溶液滴定释出的游离碘,并根据其消耗量,计算出挥发酚的含量。

指标标准物质:需要标准物质进行定性、定量。

检测设备:酸式滴定管。

2.1.16　阴离子表面活性剂

阴离子表面活性剂是普通合成洗涤剂的主要活性成分,使用最广泛的阴离子表面活性剂是直链烷基苯磺酸钠(LAS)。

方法依据:主要依据《水质　阴离子表面活性剂的测定　亚甲蓝分光光度法》(GB 7494—1987)。

检测原理:阳离子染料亚甲蓝与阴离子表面活性剂作用,生成蓝色的盐类,统称亚甲蓝活性物质(MBAS)。该生成物可被氯仿萃取,其色度与浓度成正比,用分光光度计在波长 652 nm 处测量氯仿层的吸光度。

检测设备:紫外可见分光光度计。

2.1.17　耗氧量

耗氧量是反映水体中有机及无机可氧化物质污染的常用指标。定义为:在一定条件下,用高锰酸钾氧化水样中的某些有机物及无机还原性物质,由消耗的高锰酸钾量计算相当的氧量。

方法依据:主要依据《水质　高锰酸盐指数的测定》(GB 11892—1989)。

检测原理:样品中加入已知量的高锰酸钾和硫酸,在沸水浴中加热 30 min,高锰酸钾将样品中的某些有机物和无机还原性物质氧化,反应后加入过量的草酸钠还原剩余的高锰酸钾,再用高锰酸钾标准溶液回滴过量的草酸钠。通过计算得到样品中高锰酸盐指数。

检测设备:酸式滴定管。

2.1.18　氨氮

(1)方法依据:主要依据《水质　氨氮的测定　水杨酸分光光度法》(HJ 536—2009)。

检测原理:在碱性介质(pH = 11.7)和亚硝基铁氰化钠存在下,水中的氨、铵离子与水杨酸盐和次氯酸离子反应生成蓝色化合物,在 697 nm 处用分光光度计测量吸光度。

指标标准物质:需要标准物质进行定性、定量。

检测设备:紫外可见分光光度计。

(2)方法依据:主要依据《水质　氨氮的测定　纳氏试剂分光光度法》(HJ 535—2009)。

检测原理:以游离态的氨或铵离子等形式存在的氨氮与纳氏试剂反应生成淡红棕色络合物,该络合物的吸光度与氨氮含量成正比,于波长 420 nm 处测量吸光度。

指标标准物质:需要标准物质进行定性、定量。

检测设备：紫外可见分光光度计。

(3)方法依据：主要依据《水质　氨氮的测定　连续流动-水杨酸分光光度法》(HJ 665—2013)。

检测原理：

①连续流动分析仪工作原理：试样与试剂在蠕动泵的推动下进入化学反应模块，在密闭的管路中连续流动，被气泡按一定间隔规律地隔开，并按特定的顺序和比例混合、反应，显色完全后进入流动检测池进行光度检测。

②化学反应原理：在碱性介质中，试料中的氨、铵离子与二氯异氰脲酸钠溶液释放出来的次氯酸根反应生成氯胺。在 40 ℃和亚硝基铁氰化钾存在条件下，氯胺与水杨酸盐反应形成蓝绿色化合物，于 660 nm 波长处测量吸光度。

检测设备：连续流动分析仪。

2.1.19　硫化物

硫化物指水中溶解性无机硫化物和酸溶性金属硫化物，包括溶解性的 H_2S，HS^-，S^{2-}，以及存在于悬浮物中的可溶性硫化物和酸可溶性金属硫化物。

(1)方法依据：主要依据《水质　硫化物的测定　亚甲基蓝分光光度法》(GB/T 16489—1996)。

检测原理：样品经酸化，硫化物转化成硫化氢，用氮气将硫化氢吹出，转移到盛乙酸锌—乙酸钠溶液的吸收显色管中，与 N，N-二甲基对苯二胺和硫酸铁胺反应生成蓝色的络合物亚甲基蓝，在 665 nm 波长处测定。

检测设备：紫外可见分光光度计。

(2)方法依据：主要依据《水质　硫化物的测定　碘量法》(HJ/T 60—2000)。

检测原理：在酸性条件下，硫化物与过量碘作用，剩余的碘用硫代硫酸钠滴定。由硫代硫酸钠溶液所消耗的量，间接求出硫化物的含量。

指标标准物质：需要标准物质进行定性、定量。

检测设备:酸式滴定管。

2.1.20　钠

(1)方法依据:主要依据《水质　65 种元素的测定　电感耦合等离子体质谱法》(HJ 700—2014)。

检测原理:详见 2.1.10(1)中检测原理。

检测设备:电感耦合等离子体质谱仪。

(2)方法依据:主要依据《水质　钾和钠的测定　火焰原子吸收分光光度法》(GB 11904—1989)。

检测原理:原子吸收光谱分析的基本原理是测量基态原子对共振辐射的吸收。在高温火焰中,钾和钠很易电离,这样使得参与原子吸收的基态原子减少。特别是钾在浓度低时表现得更为明显,一般在水中钠比钾浓度高,这时大量钠对钾产生增感作用,为了克服这一现象,加入钾和钠更易电离的铯作电离缓冲剂,以提供足够的电子使电离平衡向生成基态原子的方向移动。这时即可在同一份试样中连续测定钾和钠。

检测设备:原子吸收仪。

2.1.21　总大肠菌群

总大肠菌群指 37 ℃培养,24 h 内能发酵乳糖产酸产气的需氧及兼性厌氧的革兰氏阴性无芽孢杆菌。

(1)方法依据:主要依据《水质　总大肠菌群和粪大肠菌群的测定　纸片快速法》(HJ 755—2015)。

检测原理:按最大可能数法,将一定量的水样以无菌操作的方式接种到吸附有适量指示剂(溴甲酚紫和 2,3,5-氯化三苯基四氮唑,即 TTC)及乳糖等营养成分的无菌滤纸上,在特定的温度(37 ℃或 44.5 ℃)培养 24 h,当细菌生长繁殖时,产酸使 pH 降低,溴甲酚紫指示剂由紫色变黄色,同时,产气过程相应的脱氢酶在适宜的 pH 范围内,催化底物脱氢还原 TTC 形成红色的不溶性三苯甲臜(TTF),即可在产酸后的黄色背景下显示出红色斑点(或红晕)。通过上述指示剂的颜色变化就可对是否产酸产气作出判断，从而确定是否有总大肠菌群或粪大肠菌群存在，再通过查 MPN 表就可得出相应总大肠菌群或粪大肠菌群的浓度值。

使用设备：干燥箱。

（2）方法依据：主要依据《生活饮用水标准检验方法　微生物指标》（GB/T 5750.12—2006）。

检测原理：总大肠菌群滤膜法：是指用孔径为 0.45 μm 的微孔滤膜过滤水样，将滤膜贴在添加乳糖的选择性培养基上 37 ℃培养 24 h，能形成特征性菌落的需氧和兼性厌氧的革兰氏阴性无芽孢杆菌，以检测水中总大肠菌群的方法。

使用设备：干燥箱。

2.1.22　菌落总数

菌落总数指水样在营养琼脂上有氧条件下 37 ℃培养 48 h 后，所得 1 mL 水样所含菌落总数。

方法依据：主要依据《生活饮用水标准检验方法　微生物指标》（GB/T 5750.12—2006）。

检测原理：平皿计数法。

使用设备：干燥箱。

2.1.23　亚硝酸盐

（1）方法依据：主要依据《水中无机阴离子的测定（离子色谱法）》（SL 86—1994）。

检测原理：详见 2.1.8（2）中检测原理。

检测设备：离子色谱仪。

（2）方法依据：主要依据《水质　亚硝酸盐氮的测定　分光光度法》（GB 7493—1987）。

检测原理：在磷酸介质中，pH 为 1.8 时，试样中的亚硝酸根离子与 4-氨基苯磺酰胺反应生成重氮盐，它再与 N-（1-萘基）-乙二胺二盐酸盐偶联生成红色染料，在 540 nm 波长处测定吸光度。如果使用光程长为 10 mm 的比色皿，亚硝酸盐氮的浓度在 0.2 mg/L 以内，其呈色符合比尔定律。

检测设备：紫外可见分光光度计。

(3)方法依据：主要依据《水质　无机阴离子(F^-、Cl^-、NO_2^-、Br^-、NO_3^-、PO_4^{3-}、SO_3^{2-}、SO_4^{2-})的测定　离子色谱法》(HJ 84—2016)。

检测原理：详见 2.1.8(3)中检测原理。

检测设备：离子色谱仪。

2.1.24　硝酸盐

(1)方法依据：主要依据《水中无机阴离子的测定(离子色谱法)》(SL 86—1994)。

检测原理：详见 2.1.8(2)中检测原理。

检测设备：离子色谱仪。

(2)方法依据：主要依据《水质　无机阴离子(F^-、Cl^-、NO_2^-、Br^-、NO_3^-、PO_4^{3-}、SO_3^{2-}、SO_4^{2-})的测定　离子色谱法》(HJ 84—2016)。

检测原理：详见 2.1.8(3)中检测原理。

检测设备：离子色谱仪。

(3)方法依据：主要依据《水质　硝酸盐氮的测定　紫外分光光度法(试行)》(HJ/T 346—2007)。

检测原理：利用硝酸根离子在 220 nm 波长处的吸收而定量测定硝酸盐氮。溶解的有机物在 220 nm 处也会有吸收，而硝酸根离子在 275 nm 处没有吸收。因此，在 275 nm 处进行另一次测量，以校正硝酸盐氮值。

检测设备：紫外可见分光光度计。

(4)方法依据：主要依据《水质　硝酸盐氮的测定　酚二磺酸分光光度法》(GB 7480—1987)。

检测原理：硝酸盐在无水情况下与酚二磺酸反应，生成硝基二磺酸酚，在碱性溶液中，生成黄色化合物，于 410 nm 波长处进行分光光度测定。

检测设备：紫外可见分光光度计。

(5)方法依据:主要依据《硝酸盐氮的测定(紫外分光光度法)》(SL 84—1994)。

检测原理:利用硝酸根离子在 220 nm 波长处的吸收而定量测定硝酸盐氮。溶解的有机物在 220 nm 处和 275 nm 处均有吸收,而硝酸根离子在 275 nm 处没有吸收。因此,在 275 nm 处进行另一次测量,以校正硝酸盐氮值。

检测设备:紫外可见分光光度计。

2.1.25　氰化物

方法依据:主要依据《水质　氰化物的测定　流动注射-分光光度法》(HJ 823—2017)。

检测原理:

(1)流动注射仪工作原理。在封闭的管路中,将一定体积的试样注入连续流动的载液中,试样与试剂在化学反应模块中按特定的顺序和比例混合、反应,在非完全反应的条件下,进入流动检测池进行光度检测。

(2)化学反应原理。异烟酸-巴比妥酸法:在酸性条件下,样品经 140 ℃高温高压水解及紫外消解,释放出的氰化氢气体被氢氧化钠溶液吸收。吸收液中的氰化物与氯胺 T 反应生成氯化氰,然后与异烟酸反应水解生成戊烯二醛,再与巴比妥酸作用生成蓝紫色化合物,于 600 nm 波长处测量吸光度。

检测设备:流动注射分析仪。

2.1.26　氟化物

(1)方法依据:主要依据《水中无机阴离子的测定(离子色谱法)》(SL 86—1994)。

检测原理:详见 2.1.8(2)中检测原理。

检测设备:离子色谱仪。

(2)方法依据:主要依据《水质　无机阴离子(F^-、Cl^-、NO_2^-、Br^-、NO_3^-、PO_4^{3-}、SO_3^{2-}、SO_4^{2-})的测定　离子色谱法》(HJ 84—2016)。

检测原理:详见2.1.8(3)中检测原理。

检测设备:离子色谱仪。

(3)方法依据:主要依据《水质　氟化物的测定　氟试剂分光光度法》(HJ 488—2009)。

检测原理:氟离子在pH为4.1的乙酸盐缓冲介质中与氟试剂及硝酸镧反应生成蓝色三元络合物,络合物在620 nm波长处的吸光度与氟离子浓度成正比,定量测定氟化物。

检测设备:紫外可见分光光度计。

2.1.27　碘化物

(1)方法依据:主要依据《地下水质检验方法　淀粉比色法测定碘化物》(DZ/T 0064.56—1993)。

检测原理:在磷酸介质中,加入溴水可以将溶液中存在的碘离子定量地氧化为碘酸根离子,反应生成的碘酸根离子与碘化钾作用生成碘,碘再与淀粉作用生成蓝色化合物,借以进行比色测定。过量的溴用甲酸钠破坏。过剩的甲酸钠,在酸性介质中经煮沸可以除去。

检测设备:紫外可见分光光度计。

(2)方法依据:主要依据《生活饮用水标准检验方法　无机非金属指标》分光光度法(GB/T 5750.5—2006)。

检测原理:在酸性条件下,亚砷酸与硫酸高铈发生缓慢的氧化还原反应。碘离子有催化作用,使反应加速进行。反应速度随碘离子含量增高而变快,剩余的高铈离子就越少。用亚铁离子还原剩余的高铈离子,终止亚砷酸—高铈间的氧化还原反应。氧化产生的铁离子与硫氰酸钾反应生成红色络合物,比色定量。间接测定碘化物含量。

检测设备:紫外可见分光光度计。

2.1.28　汞

(1)方法依据:主要依据《水质　汞、砷、硒、铋和锑的测定　原子荧光法》(HJ 694—2014)。

检测原理:经预处理后的试液进入原子荧光仪,在酸性条件的硼氢化钾(或硼氢化钠)还原作用下,生成砷化氢、铋化氢、锑化氢、硒化氢气体和汞原子,氢化物在氩氢火焰中形成基态原子,其基态原子和汞原子受元素(汞、砷、硒、铋和锑)灯发射光的激发产生原子荧光,原子荧光强度与试液中待测元素含量在一定范围内呈正比。

检测设备:原子荧光光度计。

(2)方法依据:主要依据《水质　汞的测定　原子荧光光度法》(SL 327.2—2005)。

检测原理:样品经预处理,其中各种形态的汞转化成二价汞(Hg^{2+}),加入硼氢化钾(或硼氢化钠)与其反应,生成原子态汞,用氩气将原子态汞导入原子化器,以汞高强度空心阴极灯为激发光源,汞原子受光辐射激发产生荧光,检测原子荧光强度,利用荧光强度在一定范围内与汞含量成正比的关系计算样品中汞的含量。

检测设备:原子荧光光度计。

(3)方法依据:主要依据《铅、镉、钒、磷等 34 种元素的测定——电感耦合等离子体质谱法(ICP-MS)》(SL 394.2—2007)。

检测原理:详见 2.1.10(3)中检测原理。

检测设备:电感耦合等离子体质谱仪。

2.1.29　砷

(1)方法依据:主要依据《水质　65 种元素的测定　电感耦合等离子体质谱法》(HJ 700—2014)。

检测原理:详见 2.1.10(1)中检测原理。

检测设备:电感耦合等离子体质谱仪。

(2)方法依据:主要依据《水质　汞、砷、硒、铋和锑的测定　原子荧光法》(HJ 694—2014)。

检测原理:详见 2.1.28(1)中检测原理。

检测设备:原子荧光光度计。

(3)方法依据:主要依据《水质　砷的测定　原子荧光光度法》(SL 327.1—2005)。

检测原理:样品经预处理,其中各种形态的砷均转变成三价砷

(As^{3+}),加入硼氢化钾(或硼氢化钠)与其反应,生成气态氢化砷,用氩气将气态氢化砷载入原子化器进行原子化,以砷高强度空心阴极灯作激发光源,砷原子受光辐射激发产生荧光,检测原子荧光强度,利用荧光强度在一定范围内与溶液中砷含量成正比的关系计算样品中的砷含量。

检测设备:原子荧光光度计。

(4)方法依据:主要依据《铅、镉、钒、磷等34种元素的测定——电感耦合等离子体质谱法(ICP-MS)》(SL 394.2—2007)。

检测原理:详见2.1.10(3)中检测原理。

检测设备:电感耦合等离子体质谱仪。

2.1.30　硒

(1)方法依据:主要依据《水质　65种元素的测定　电感耦合等离子体质谱法》(HJ 700—2014)。

检测原理:详见2.1.10(1)中检测原理。

检测设备:电感耦合等离子体质谱仪。

(2)方法依据:主要依据《水质　汞、砷、硒、铋和锑的测定　原子荧光法》(HJ 694—2014)。

检测原理:详见2.1.28(1)中检测原理。

检测设备:原子荧光光度计。

(3)方法依据:主要依据《水质　硒的测定　原子荧光光度法》(SL 327.3—2005)。

检测原理:详见2.1.29(3)中检测原理。

检测设备:原子荧光光度计。

(4)方法依据:主要依据《水质　硒的测定　石墨炉原子吸收分光光度法》(GB/T 15505—1995)。

检测原理:将试样或消解处理过的试样直接注入石墨炉,在石墨炉中形成基态原子对特征电磁辐射产生吸收,将测定的试样吸光度与标准溶液的吸光度进行比较,确定试样中被测元素的浓度。

检测设备:原子吸收仪。

(5)方法依据:主要依据《铅、镉、钒、磷等34种元素的测定——电感耦合等离子体质谱法(ICP-MS)》(SL 394.2—2007)。

检测原理:详见2.1.10(3)中检测原理。

检测设备:电感耦合等离子体质谱仪。

2.1.31 镉

(1)方法依据:主要依据《水质 65种元素的测定 电感耦合等离子体质谱法》(HJ 700—2014)。

检测原理:详见2.1.10(1)中检测原理。

检测设备:电感耦合等离子体质谱仪。

(2)方法依据:主要依据《水质 铜、锌、铅、镉的测定 原子吸收分光光度法》(GB 7475—1987)。

检测原理:详见2.1.12(2)中检测原理。

检测设备:原子吸收仪。

(3)方法依据:主要依据《铅、镉、钒、磷等34种元素的测定——电感耦合等离子体质谱法(ICP-MS)》(SL 394.2—2007)。

检测原理:详见2.1.10(3)中检测原理。

检测设备:电感耦合等离子体质谱仪。

2.1.32 铬(六价)

方法依据:主要依据《水质 六价铬的测定 二苯碳酰二肼分光光度法》(GB 7467—1987)。

检测原理:在酸性溶液中,六价铬与二苯碳酰二肼反应生成紫红色化合物,于波长540 nm处进行分光光度测定。

检测设备:紫外可见分光光度计。

2.1.33 铅

(1)方法依据:主要依据《水质 65种元素的测定 电感耦合等离子体质谱法》(HJ 700—2014)。

检测原理:详见2.1.10(1)中检测原理。

检测设备：电感耦合等离子体质谱仪。

(2)方法依据：主要依据《水质　铜、锌、铅、镉的测定　原子吸收分光光度法》(GB 7475—1987)。

检测原理：详见2.1.12(2)中检测原理。

检测设备：原子吸收仪。

(3)方法依据：主要依据《铅、镉、钒、磷等34种元素的测定——电感耦合等离子体质谱法(ICP-MS)》(SL 394.2—2007)。

检测原理：详见2.1.10(3)中检测原理。

检测设备：电感耦合等离子体质谱仪。

2.1.34　三氯甲烷

(1)方法依据：主要依据《吹扫捕集气相色谱/质谱分析法(GC/MS)测定水中挥发性有机污染物》(SL 393—2007)。

检测原理：用注射器取一定体积的水样，加入内标和回收率指示物，注入吹扫-捕集装置中，在室温下用高纯惰性气体将挥发性有机物及加入的内标、回收率指示物吹扫出来，输送到捕集阱中，利用吸附管中填料捕集浓缩挥发性有机物、内标及回收率指示物，待吹扫和捕集过程完成之后，快速加热吸附管，将其中的挥发性有机物解吸出来，用高纯氦气输送到毛细管柱气相色谱(GC)仪中，挥发性有机物、内标和回收率指示物经程序升温、色谱分离后，用质谱仪(MS)进行检测。将水样中待测物的保留时间及总离子流质谱图与标准样品中相应待测物的保留时间及总离子流质谱图作对照进行定性分析，每个已定性组分的浓度由其定量离子的质谱响应值与内标的定量离子响应值的比值计算。

检测设备：气相色谱质谱联用仪。

(2)方法依据：主要依据《水质　挥发性卤代烃的测定　吹扫捕集-气相色谱法》(SL 741—2016)。

检测原理：水中的挥发性卤代烃类有机物经高纯氮气吹扫后吸附于捕集管中，快速加热捕集管，以高纯氮气反吹，被热脱附出来的待测组分，经气相色谱(GC)分离后，用电子捕获检测器(ECD)进行检测，根据保留时间定性、外标法定量。

检测设备：气相色谱仪。

(3)方法依据：主要依据《水质　挥发性卤代烃的测定　顶空气相色谱法》(HJ 620—2011)。

检测原理：将水样置于密封的顶空瓶中，在一定的温度下经过一定的时间平衡，水中的挥发性卤代烃逸至上部空间，并在气液两相中达到动态的平衡。此时，挥发性卤代烃在气相中的质量浓度与它在液相中的质量浓度成正比。用带有电子捕获检测器(ECD)的气相色谱仪对气相中挥发性卤代烃的质量浓度进行测定，可计算水样中挥发性卤代烃的质量浓度。

检测设备：气相色谱仪。

(4)方法依据：主要依据《水质　挥发性有机物的测定　吹扫捕集/气相色谱-质谱法》(HJ 639—2012)。

检测原理：样品中的挥发性有机物经高纯氦气(或氮气)吹扫后吸附于捕集管中，将捕集管加热并以高纯氦气反吹，被热脱附出来的组分经气相色谱分离后，用质谱仪进行检测。通过与待测目标化合物保留时间和标准质谱图或特征离子相比较进行定性，内标法定量。

检测设备：气相色谱质谱联用仪。

(5)方法依据：主要依据《水质　挥发性有机物的测定　吹扫捕集/气相色谱法》(HJ 686—2014)。

检测原理：样品中的挥发性有机物经高纯氮气吹扫后吸附于捕集管中，将捕集管加热并以高纯氮气反吹，被热脱附出来的组分经气相色谱分离后，用电子捕获检测器(ECD)或氢火焰离子化检测器(FID)进行检测，根据保留时间定性，外标法定量。

检测设备：气相色谱仪。

(6)方法依据：主要依据《水质　挥发性有机物的测定　顶空/气相色谱-质谱法》(HJ 810—2016)。

检测原理：在一定的温度条件下，顶空瓶内样品中挥发性组分向液上空间挥发，产生蒸汽压，在气液两相达到热力学动态平衡后，气相中的挥发性有机物经气相色谱分离，用质谱仪进行检测。通过与标准物质保留时间和质谱图相比较进行定性,内标法定量。

检测设备:气相色谱质谱联用仪。

2.1.35 四氯化碳

(1)方法依据:主要依据《吹扫捕集气相色谱/质谱分析法(GC/MS)测定水中挥发性有机污染物》(SL 393—2007)。

检测原理:详见2.1.34(1)中检测原理。

检测设备:气相色谱质谱联用仪。

(2)方法依据:主要依据《水质 挥发性卤代烃的测定 吹扫捕集-气相色谱法》(SL 741—2016)。

检测原理:详见2.1.34(2)中检测原理。

检测设备:气相色谱仪。

(3)方法依据:主要依据《水质 挥发性卤代烃的测定 顶空气相色谱法》(HJ 620—2011)。

检测原理:详见2.1.34(3)中检测原理。

检测设备:气相色谱仪。

(4)方法依据:主要依据《水质 挥发性有机物的测定 吹扫捕集/气相色谱法》(HJ 686—2014)。

检测原理:详见2.1.34(5)中检测原理。

检测设备:气相色谱仪。

(5)方法依据:主要依据《水质 挥发性有机物的测定 顶空/气相色谱-质谱法》(HJ 810—2016)。

检测原理:详见2.1.34(6)中检测原理。

检测设备:气相色谱质谱联用仪。

2.1.36 苯

(1)方法依据:主要依据《吹扫捕集气相色谱/质谱分析法(GC/MS)测定水中挥发性有机污染物》(SL 393—2007)。

检测原理:详见2.1.34(1)中检测原理。

检测设备:气相色谱质谱联用仪。

(2)方法依据:主要依据《水质 挥发性有机物的测定 吹扫捕集/气相色谱-质谱法》(HJ 639—2012)。

检测原理:详见 2. 1. 34(4)中检测原理。

检测设备:气相色谱质谱联用仪。

(3)方法依据:主要依据《水质 挥发性有机物的测定 吹扫捕集/气相色谱法》(HJ 686—2014)。

检测原理:详见 2. 1. 34(5)中检测原理。

检测设备:气相色谱仪。

(4)方法依据:主要依据《水质 挥发性有机物的测定 顶空/气相色谱-质谱法》(HJ 810—2016)。

检测原理:详见 2. 1. 34(6)中检测原理。

检测设备:气相色谱质谱联用仪。

(5)方法依据:主要依据《顶空气相色谱法(HS-GC)测定水中芳香族挥发性有机物》(SL 496—2010)。

检测原理:取一定体积的水样,注入装有氯化钠的顶空瓶中密封,在一定温度条件下保持恒温,液相中的挥发性芳香烃进入气相,待气液两相达到动态平衡,此时挥发性芳香烃在气相中的浓度与它在水样中的浓度成正比,定量吸取部分顶空气体,进行色谱分析,对照水样及标准样品色谱图,按保留时间进行定性分析,采用外标法进行定量分析。

检测设备:气相色谱仪。

2. 1. 37 甲苯

(1)方法依据:主要依据《吹扫捕集气相色谱/质谱分析法(GC/MS)测定水中挥发性有机污染物》(SL 393—2007)。

检测原理:详见 2. 1. 34(1)中检测原理。

检测设备:气相色谱质谱联用仪。

(2)方法依据:主要依据《水质 挥发性有机物的测定 吹扫捕集/气相色谱-质谱法》(HJ 639—2012)。

检测原理:详见 2. 1. 34(4)中检测原理。

检测设备:气相色谱质谱联用仪。

(3)方法依据:主要依据《水质　挥发性有机物的测定　吹扫捕集/气相色谱法》(HJ 686—2014)。

检测原理:详见2.1.34(5)中检测原理。

检测设备:气相色谱仪。

(4)方法依据:主要依据《水质　挥发性有机物的测定　顶空/气相色谱-质谱法》(HJ 810—2016)。

检测原理:详见2.1.34(6)中检测原理。

检测设备:气相色谱质谱联用仪。

(5)方法依据:主要依据《顶空气相色谱法(HS-GC)测定水中芳香族挥发性有机物》(SL 496—2010)。

检测原理:详见2.1.36(5)中检测原理。

检测设备:气相色谱仪。

2.1.38　总α放射性

总α放射性指在《水质　总α放射性的测定　厚源法》(HJ 898—2017)规定的制样条件下,样品中不挥发的所有天然和人工放射性核素的α辐射体总称。

方法依据:主要依据《水质　总α放射性的测定　厚源法》(HJ 898—2017)。

检测原理:缓慢将待测样品蒸发浓缩,转化成硫酸盐后蒸发至干,然后置于马弗炉内灼烧得到固体残渣。准确称取不少于"最小取样量"的残渣于测量盘内均匀铺平,置于低本底α、β测量仪上测量总α的计数率,以计算样品中总α的放射性活度浓度。

检测设备:低本底α、β测量仪。

2.1.39　总β放射性

总β放射性指在《水质　总β放射性的测定　厚源法》(HJ 899—2017)规定的制样条件下,样品中β最大能量大于0.3 MeV的不挥发的β辐射体总称。

方法依据:主要依据《水质　总β放射性的测定　厚源法》(HJ

899—2017)。

检测原理:缓慢将待测样品蒸发浓缩,转化成硫酸盐后蒸发至干,然后置于马弗炉内灼烧得到固体残渣。准确称取不少于"最小取样量"的残渣于测量盘内均匀铺平,置于低本底 α、β 测量仪上测量总 β 的计数率,以计算样品中总的放射性活度浓度。

检测设备:低本底 α、β 测量仪。

第 2 节　地下水非常规指标检测标准方法汇编

2. 2. 1　铍

(1)方法依据:主要依据《水质　65 种元素的测定　电感耦合等离子体质谱法》(HJ 700—2014)。

检测原理:详见 2. 1. 10(1)中检测原理。

检测设备:电感耦合等离子体质谱仪。

(2)方法依据:主要依据《生活饮用水标准检验方法　金属指标》(GB/T 5750. 6—2006)原子吸收分光光度法。

检测原理:铍在碱性溶液中与桑色素反应生成黄绿色荧光化合物,测定荧光强度定量。低含量的铍在 pH = 5 ~ 8 与乙酰丙酮形成的络合物可被四氯化碳萃取,予以富集。

检测设备:原子吸收仪。

(3)方法依据:主要依据《铅、镉、钒、磷等 34 种元素的测定——电感耦合等离子体质谱法》(SL 394. 2—2007)。

检测原理:详见 2. 1. 10(3)中检测原理。

检测设备:电感耦合等离子体质谱仪。

2. 2. 2　硼

(1)方法依据:主要依据《水质　65 种元素的测定　电感耦合等离子体质谱法》(HJ 700—2014)。

检测原理:详见 2. 1. 10(1)中检测原理。

检测设备：电感耦合等离子体质谱仪。

(2)方法依据：主要依据《铅、镉、钒、磷等34种元素的测定——电感耦合等离子体质谱法(ICP-MS)》(SL 394.2—2007)。

检测原理：详见2.1.10(3)中检测原理。

检测设备：电感耦合等离子体质谱仪。

2.2.3　锑

(1)方法依据：主要依据《水质　65种元素的测定　电感耦合等离子体质谱法》(HJ 700—2014)。

检测原理：详见2.1.10(1)中检测原理。

检测设备：电感耦合等离子体质谱仪。

(2)方法依据：主要依据《铅、镉、钒、磷等34种元素的测定——电感耦合等离子体质谱法(ICP-MS)》(SL 394.2—2007)。

检测原理：详见2.1.10(3)中检测原理。

检测设备：电感耦合等离子体质谱仪。

2.2.4　钡

(1)方法依据：主要依据《水质　65种元素的测定　电感耦合等离子体质谱法》(HJ 700—2014)。

检测原理：详见2.1.10(1)中检测原理。

检测设备：电感耦合等离子体质谱仪。

(2)方法依据：主要依据《生活饮用水标准检验方法　金属指标》原子吸收分光光度法(GB/T 5750.6—2006)。

检测原理：详见2.2.1(2)中检测原理。

检测设备：原子吸收仪。

(3)方法依据：主要依据《铅、镉、钒、磷等34种元素的测定——电感耦合等离子体质谱法(ICP-MS)》(SL 394.2—2007)。

检测原理：详见2.1.10(3)中检测原理。

检测设备：电感耦合等离子体质谱仪。

2.2.5 镍

(1)方法依据:主要依据《水质　65种元素的测定　电感耦合等离子体质谱法》(HJ 700—2014)。

检测原理:详见2.1.10(1)中检测原理。

检测设备:电感耦合等离子体质谱仪。

(2)方法依据:主要依据《水质　镍的测定　火焰原子吸收分光光度法》(GB 11912—1989)。

检测原理:将试液喷入空气—乙炔贫燃火焰中。在高温中,镍化合物离解为基态原子,其原子蒸汽对锐线光源(镍空心阴极灯)发射的特征谱线232.0 nm产生选择性吸收。在一定条件下,吸光度与试液中镍的浓度成正比。

检测设备:原子吸收仪。

(3)方法依据:主要依据《生活饮用水标准检验方法　金属指标》(GB/T 5750.6—2006)原子吸收分光光度法。

检测原理:详见2.2.1(2)中检测原理。

检测设备:原子吸收仪。

(4)方法依据:主要依据《铅、镉、钒、磷等34种元素的测定——电感耦合等离子体质谱法(ICP-MS)》(SL 394.2—2007)。

检测原理:详见2.1.10(3)中检测原理。

检测设备:电感耦合等离子体质谱仪。

2.2.6 钴

(1)方法依据:主要依据《水质　65种元素的测定　电感耦合等离子体质谱法》(HJ 700—2014)。

检测原理:详见2.1.10(1)中检测原理。

检测设备:电感耦合等离子体质谱仪。

(2)方法依据:主要依据《生活饮用水标准检验方法　金属指标》(GB/T 5750.6—2006)原子吸收分光光度法。

检测原理:详见2.2.1(2)中检测原理。

检测设备：原子吸收仪。

(3) 方法依据：主要依据《铅、镉、钒、磷等 34 种元素的测定——电感耦合等离子体质谱法(ICP-MS)》(SL 394.2—2007)。

检测原理：详见 2.1.10(3) 中检测原理。

检测设备：电感耦合等离子体质谱仪。

2.2.7　钼

(1) 方法依据：主要依据《水质　65 种元素的测定　电感耦合等离子体质谱法》(HJ 700—2014)。

检测原理：详见 2.1.10(1) 中检测原理。

检测设备：电感耦合等离子体质谱仪。

(2) 方法依据：主要依据《生活饮用水标准检验方法　金属指标》原子吸收分光光度法(GB/T 5750.6—2006)。

检测原理：详见 2.2.1(2) 中检测原理。

检测设备：原子吸收仪。

(3) 方法依据：主要依据《铅、镉、钒、磷等 34 种元素的测定——电感耦合等离子体质谱法(ICP-MS)》(SL 394.2—2007)。

检测原理：详见 2.1.10(3) 中检测原理。

检测设备：电感耦合等离子体质谱仪。

2.2.8　银

(1) 方法依据：主要依据《水质　65 种元素的测定　电感耦合等离子体质谱法》(HJ 700—2014)。

检测原理：详见 2.1.10(1) 中检测原理。

检测设备：电感耦合等离子体质谱仪。

(2) 方法依据：主要依据《生活饮用水标准检验方法　金属指标》原子吸收分光光度法(GB/T 5750.6—2006)。

检测原理：详见 2.2.1(2) 中检测原理。

指标标准物质：需要标准物质进行定性、定量。

检测设备：原子吸收仪。

(3)方法依据:主要依据《铅、镉、钒、磷等34种元素的测定——电感耦合等离子体质谱法(ICP-MS)》(SL 394.2—2007)。

检测原理:详见2.1.10(3)中检测原理。

检测设备:电感耦合等离子体质谱仪。

2.2.9　铊

(1)方法依据:主要依据《水质　65种元素的测定　电感耦合等离子体质谱法》(HJ 700—2014)。

检测原理:详见2.1.10(1)中检测原理。

检测设备:电感耦合等离子体质谱仪。

(2)方法依据:主要依据《生活饮用水标准检验方法　金属指标》(GB/T 5750.6—2006)原子吸收分光光度法。

检测原理:详见2.2.1(2)中检测原理。

检测设备:原子吸收仪。

(3)方法依据:主要依据《铅、镉、钒、磷等34种元素的测定——电感耦合等离子体质谱法(ICP-MS)》(SL 394.2—2007)。

检测原理:详见2.1.10(3)中检测原理。

检测设备:电感耦合等离子体质谱仪。

2.2.10　二氯甲烷

(1)方法依据:主要依据《吹扫捕集气相色谱/质谱分析法(GC/MS)测定水中挥发性有机污染物》(SL 393—2007)。

检测原理:详见2.1.34(1)中检测原理。

检测设备:气相色谱质谱联用仪。

(2)方法依据:主要依据《水质　挥发性卤代烃的测定　吹扫捕集-气相色谱法》(SL 741—2016)。

检测原理:详见2.1.34(2)中检测原理。

检测设备:气相色谱仪。

(3)方法依据:主要依据《水质　挥发性有机物的测定　吹扫捕集/气相色谱-质谱法》(HJ 639—2012)。

检测原理:详见 2.1.34(4)中检测原理。

检测设备:气相色谱质谱联用仪。

(4)方法依据:主要依据《水质　挥发性有机物的测定　吹扫捕集/气相色谱法》(HJ 686—2014)。

检测原理:详见 2.1.34(5)中检测原理。

检测设备:气相色谱仪。

(5)方法依据:主要依据《水质　挥发性有机物的测定　顶空/气相色谱-质谱法》(HJ 810—2016)。

检测原理:详见 2.1.34(6)中检测原理。

检测设备:气相色谱质谱联用仪。

2.2.11　1,2-二氯乙烷

(1)方法依据:主要依据《吹扫捕集气相色谱/质谱分析法(GC/MS)测定水中挥发性有机污染物》(SL 393—2007)。

检测原理:详见 2.1.34(1)中检测原理。

检测设备:气相色谱质谱联用仪。

(2)方法依据:主要依据《水质　挥发性卤代烃的测定　吹扫捕集-气相色谱法》(SL 741—2016)。

检测原理:详见 2.1.34(2)中检测原理。

检测设备:气相色谱仪。

(3)方法依据:主要依据《水质　挥发性有机物的测定　吹扫捕集/气相色谱-质谱法》(HJ 639—2012)。

检测原理:详见 2.1.34(4)中检测原理。

检测设备:气相色谱质谱联用仪。

(4)方法依据:主要依据《水质　挥发性有机物的测定　吹扫捕集/气相色谱法》(HJ 686—2014)。

检测原理:详见 2.1.34(5)中检测原理。

检测设备:气相色谱仪。

(5)方法依据:主要依据《水质　挥发性有机物的测定　顶空/气相色谱-质谱法》(HJ 810—2016)。

检测原理:详见 2.1.34(6)中检测原理。

检测设备:气相色谱仪。

2.2.12　1,1,1-三氯乙烷

(1)方法依据:主要依据《吹扫捕集气相色谱/质谱分析法(GC/MS)测定水中挥发性有机污染物》(SL 393—2007)。

检测原理:详见 2.1.34(1)中检测原理。

检测设备:气相色谱质谱联用仪。

(2)方法依据:主要依据《水质　挥发性卤代烃的测定　吹扫捕集-气相色谱法》(SL 741—2016)。

检测原理:详见 2.1.34(2)中检测原理。

检测设备:气相色谱仪。

(3)方法依据:主要依据《水质　挥发性有机物的测定　吹扫捕集/气相色谱-质谱法》(HJ 639—2012)。

检测原理:详见 2.1.34(4)中检测原理。

检测设备:气相色谱质谱联用仪。

(4)方法依据:主要依据《水质　挥发性有机物的测定　顶空/气相色谱-质谱法》(HJ 810—2016)。

检测原理:详见 2.1.34(6)中检测原理。

检测设备:气相色谱质谱联用仪。

2.2.13　1,1,2-三氯乙烷

(1)方法依据:主要依据《吹扫捕集气相色谱/质谱分析法(GC/MS)测定水中挥发性有机污染物》(SL 393—2007)。

检测原理:详见 2.1.34(1)中检测原理。

检测设备:气相色谱质谱联用仪。

(2)方法依据:主要依据《水质　挥发性有机物的测定　吹扫捕集/气相色谱-质谱法》(HJ 639—2012)。

检测原理:详见 2.1.34(4)中检测原理。

检测设备:气相色谱质谱联用仪。

(3)方法依据:主要依据《水质　挥发性有机物的测定　顶空/气相色谱-质谱法》(HJ 810—2016)。

检测原理:详见2.1.34(6)中检测原理。

检测设备:气相色谱质谱联用仪。

2.2.14　1,2-二氯丙烷

(1)方法依据:主要依据《吹扫捕集气相色谱/质谱分析法(GC/MS)测定水中挥发性有机污染物》(SL 393—2007)。

检测原理:详见2.1.34(1)中检测原理。

检测设备:气相色谱质谱联用仪。

(2)方法依据:主要依据《水质　挥发性有机物的测定　吹扫捕集/气相色谱-质谱法》(HJ 639—2012)。

检测原理:详见2.1.34(4)中检测原理。

检测设备:气相色谱质谱联用仪。

(3)方法依据:主要依据《水质　挥发性有机物的测定　顶空/气相色谱-质谱法》(HJ 810—2016)。

检测原理:详见2.1.34(6)中检测原理。

检测设备:气相色谱质谱联用仪。

2.2.15　三溴甲烷

(1)方法依据:主要依据《吹扫捕集气相色谱/质谱分析法(GC/MS)测定水中挥发性有机污染物》(SL 393—2007)。

检测原理:详见2.1.34(1)中检测原理。

检测设备:气相色谱质谱联用仪。

(2)方法依据:主要依据《水质　挥发性卤代烃的测定　吹扫捕集-气相色谱法》(SL 741—2016)。

检测原理:详见2.1.34(2)中检测原理。

检测设备:气相色谱仪。

(3)方法依据:主要依据《水质　挥发性卤代烃的测定　顶空气相色谱法》(HJ 620—2011)。

检测原理：详见2.1.34(3)中检测原理。

检测设备：气相色谱仪。

(4)方法依据：主要依据《水质 挥发性有机物的测定 吹扫捕集/气相色谱-质谱法》(HJ 639—2012)。

检测原理：详见2.1.34(4)中检测原理。

检测设备：气相色谱质谱联用仪。

(5)方法依据：主要依据《水质 挥发性有机物的测定 吹扫捕集/气相色谱法》(HJ 686—2014)。

检测原理：详见2.1.34(5)检测原理。

检测设备：气相色谱仪。

(6)方法依据：主要依据《水质 挥发性有机物的测定 顶空/气相色谱-质谱法》(HJ 810—2016)。

检测原理：详见2.1.34(6)中检测原理。

检测设备：气相色谱质谱联用仪。

2.2.16 氯乙烯

(1)方法依据：主要依据《吹扫捕集气相色谱/质谱分析法(GC/MS)测定水中挥发性有机污染物》(SL 393—2007)。

检测原理：详见2.1.34(1)中检测原理。

检测设备：气相色谱质谱联用仪。

(2)方法依据：主要依据《水质 挥发性卤代烃的测定 吹扫捕集-气相色谱法》(SL 741—2016)。

检测原理：详见2.1.34(2)中检测原理。

检测设备：气相色谱仪。

(3)方法依据：主要依据《水质 挥发性有机物的测定 吹扫捕集/气相色谱-质谱法》(HJ 639—2012)。

检测原理：详见2.1.34(4)中检测原理。

检测设备：气相色谱质谱联用仪。

(4)方法依据：主要依据《水质 挥发性有机物的测定 顶空/气相色谱-质谱法》(HJ 810—2016)。

检测原理:详见 2.1.34(6)中检测原理。

检测设备:气相色谱质谱联用仪。

2.2.17　1,1-二氯乙烯

(1)方法依据:主要依据《吹扫捕集气相色谱/质谱分析法(GC/MS)测定水中挥发性有机污染物》(SL 393—2007)。

检测原理:详见 2.1.34(1)中检测原理。

检测设备:气相色谱质谱联用仪。

(2)方法依据:主要依据《水质　挥发性卤代烃的测定　吹扫捕集-气相色谱法》(SL 741—2016)。

检测原理:详见 2.1.34(2)中检测原理。

检测设备:气相色谱仪。

(3)方法依据:主要依据《水质　挥发性有机物的测定　吹扫捕集/气相色谱-质谱法》(HJ 639—2012)。

检测原理:详见 2.1.34(4)中检测原理。

检测设备:气相色谱质谱联用仪。

(4)方法依据:主要依据《水质　挥发性有机物的测定　吹扫捕集/气相色谱法》(HJ 686—2014)。

检测原理:详见 2.1.34(5)中检测原理。

检测设备:气相色谱仪。

(5)方法依据:主要依据《水质　挥发性有机物的测定　顶空/气相色谱-质谱法》(HJ 810—2016)。

检测原理:详见 2.1.34(6)中检测原理。

检测设备:气相色谱质谱联用仪。

2.2.18　1,2-二氯乙烯

(1)方法依据:主要依据《吹扫捕集气相色谱/质谱分析法(GC/MS)测定水中挥发性有机污染物》(SL 393—2007)。

检测原理:详见 2.1.34(1)中检测原理。

检测设备:气相色谱质谱联用仪。

(2)方法依据:主要依据《水质　挥发性卤代烃的测定　吹扫捕集-气相色谱法》(SL 741—2016)。

检测原理:详见2.1.34(2)中检测原理。

检测设备:气相色谱仪。

(3)方法依据:主要依据《水质　挥发性有机物的测定　吹扫捕集/气相色谱-质谱法》(HJ 639—2012)。

检测原理:详见2.1.34(4)中检测原理。

检测设备:气相色谱质谱联用仪。

(4)方法依据:主要依据《水质　挥发性有机物的测定　吹扫捕集/气相色谱法》(HJ 686—2014)。

检测原理:详见2.1.34(5)中检测原理。

检测设备:气相色谱仪。

(5)方法依据:主要依据《水质　挥发性有机物的测定　顶空/气相色谱-质谱法》(HJ 810—2016)。

检测原理:详见2.1.34(6)中检测原理。

检测设备:气相色谱质谱联用仪。

2.2.19　三氯乙烯

(1)方法依据:主要依据《吹扫捕集气相色谱/质谱分析法(GC/MS)测定水中挥发性有机污染物》(SL 393—2007)。

检测原理:详见2.1.34(1)中检测原理。

检测设备:气相色谱质谱联用仪。

(2)方法依据:主要依据《水质　挥发性卤代烃的测定　吹扫捕集-气相色谱法》(SL 741—2016)。

检测原理:详见2.1.34(2)中检测原理。

检测设备:气相色谱仪。

(3)方法依据:主要依据《水质　挥发性卤代烃的测定　顶空气相色谱法》(HJ 620—2011)。

检测原理:详见2.1.34(3)中检测原理。

检测设备:气相色谱仪。

(4)方法依据:主要依据《水质　挥发性有机物的测定　吹扫捕集/气相色谱-质谱法》(HJ 639—2012)。

检测原理:详见2.1.34(4)中检测原理。

检测设备:气相色谱质谱联用仪。

(5)方法依据:主要依据《水质　挥发性有机物的测定　吹扫捕集/气相色谱法》(HJ 686—2014)。

检测原理:详见2.1.34(5)中检测原理。

检测设备:气相色谱仪。

(6)方法依据:主要依据《水质　挥发性有机物的测定　顶空/气相色谱-质谱法》(HJ 810—2016)。

检测原理:详见2.1.34(6)中检测原理。

检测设备:气相色谱质谱联用仪。

2.2.20　四氯乙烯

(1)方法依据:主要依据《吹扫捕集气相色谱/质谱分析法(GC/MS)测定水中挥发性有机污染物》(SL 393—2007)。

检测原理:详见2.1.34(1)中检测原理。

检测设备:气相色谱质谱联用仪。

(2)方法依据:主要依据《水质　挥发性卤代烃的测定　吹扫捕集-气相色谱法》(SL 741—2016)。

检测原理:详见2.1.34(2)中检测原理。

检测设备:气相色谱仪。

(3)方法依据:主要依据《水质　挥发性卤代烃的测定　顶空气相色谱法》(HJ 620—2011)。

检测原理:详见2.1.34(3)中检测原理。

检测设备:气相色谱仪。

(4)方法依据:主要依据《水质　挥发性有机物的测定　吹扫捕集/气相色谱-质谱法》(HJ 639—2012)。

检测原理:详见2.1.34(4)中检测原理。

检测设备:气相色谱质谱联用仪。

(5)方法依据:主要依据《水质　挥发性有机物的测定　吹扫捕集/气相色谱法》(HJ 686—2014)。

检测原理:详见 2.1.34(5)中检测原理。

检测设备:气相色谱仪。

(6)方法依据:主要依据《水质　挥发性有机物的测定　顶空/气相色谱-质谱法》(HJ 810—2016)。

检测原理:详见 2.1.34(6)中检测原理。

检测设备:气相色谱质谱联用仪。

2.2.21　氯苯

(1)方法依据:主要依据《吹扫捕集气相色谱/质谱分析法(GC/MS)测定水中挥发性有机污染物》(SL 393—2007)。

检测原理:详见 2.1.34(1)中检测原理。

检测设备:气相色谱质谱联用仪。

(2)方法依据:主要依据《水质　挥发性有机物的测定　吹扫捕集/气相色谱-质谱法》(HJ 639—2012)。

检测原理:详见 2.1.34(4)中检测原理。

检测设备:气相色谱质谱联用仪。

(3)方法依据:主要依据《水质　挥发性有机物的测定　顶空/气相色谱-质谱法》(HJ 810—2016)。

检测原理:详见 2.1.34(6)中检测原理。

检测设备:气相色谱质谱联用仪。

(4)方法依据:主要依据《水质　氯苯类化合物的测定　气相色谱法》(HJ 621—2011)。

检测原理:用二硫化碳萃取水样中的氯苯类化合物,萃取液经净化、浓缩、定容后,用带有电子捕获检测器(ECD)的气相色谱仪进行分析,以保留时间定性,外标法定量。

检测设备:气相色谱仪。

(5)方法依据:主要依据《顶空气相色谱法(HS-GC)测定水中芳香族挥发性有机物》(SL 496—2010)。

检测原理:详见 2.1.36(5)中检测原理。

检测设备:气相色谱仪。

2.2.22　邻二氯苯

(1)方法依据:主要依据《吹扫捕集气相色谱/质谱分析法(GC/MS)测定水中挥发性有机污染物》(SL 393—2007)。

检测原理:详见 2.1.34(1)中检测原理。

检测设备:气相色谱质谱联用仪。

(2)方法依据:主要依据《水质　挥发性有机物的测定　吹扫捕集/气相色谱-质谱法》(HJ 639—2012)。

检测原理:详见 2.1.34(4)中检测原理。

检测设备:气相色谱质谱联用仪。

(3)方法依据:主要依据《水质　挥发性有机物的测定　顶空/气相色谱-质谱法》(HJ 810—2016)。

检测原理:详见 2.1.34(6)中检测原理。

检测设备:气相色谱质谱联用仪。

(4)方法依据:主要依据《水质　氯苯类化合物的测定　气相色谱法》(HJ 621—2011)。

检测原理:详见 2.2.21(4)中检测原理。

检测设备:气相色谱仪。

(5)方法依据:主要依据《顶空气相色谱法(HS-GC)测定水中芳香族挥发性有机物》(SL 496—2010)。

检测原理:详见 2.1.36(5)中检测原理。

检测设备:气相色谱仪。

2.2.23　对二氯苯

(1)方法依据:主要依据《吹扫捕集气相色谱/质谱分析法(GC/MS)测定水中挥发性有机污染物》(SL 393—2007)。

检测原理:详见 2.1.34(1)中检测原理。

检测设备:气相色谱质谱联用仪。

(2)方法依据:主要依据《水质 挥发性有机物的测定 吹扫捕集/气相色谱-质谱法》(HJ 639—2012)。

检测原理:详见2.1.34(4)中检测原理。

检测设备:气相色谱质谱联用仪。

(3)方法依据:主要依据《水质 挥发性有机物的测定 顶空/气相色谱-质谱法》(HJ 810—2016)。

检测原理:详见2.1.34(6)中检测原理。

检测设备:气相色谱质谱联用仪。

(4)方法依据:主要依据《水质 氯苯类化合物的测定 气相色谱法》(HJ 621—2011)。

检测原理:详见2.2.21(4)中检测原理。

检测设备:气相色谱仪。

(5)方法依据:主要依据《顶空气相色谱法(HS-GC)测定水中芳香族挥发性有机物》(SL 496—2010)。

检测原理:详见2.1.36(5)中检测原理。

检测设备:气相色谱仪。

2.2.24 三氯苯(总量)

(1)方法依据:主要依据《吹扫捕集气相色谱/质谱分析法(GC/MS)测定水中挥发性有机污染物》(SL 393—2007)。

检测原理:详见2.1.34(1)中检测原理。

检测设备:气相色谱质谱联用仪。

(2)方法依据:主要依据《水质 挥发性有机物的测定 吹扫捕集/气相色谱-质谱法》(HJ 639—2012)。

检测原理:详见2.1.34(4)中检测原理。

检测设备:气相色谱质谱联用仪。

(3)方法依据:主要依据《水质 挥发性有机物的测定 顶空/气相色谱-质谱法》(HJ 810—2016)。

检测原理:详见2.1.34(6)中检测原理。

检测设备:气相色谱质谱联用仪。

(4)方法依据:主要依据《水质　有机氯农药和氯苯类化合物的测定　气相色谱-质谱法》(HJ 699—2014)。

检测原理:采用液液萃取或固相萃取方法,萃取样品中有机氯农药和氯苯类化合物,萃取液经脱水、浓缩、净化、定容后经气相色谱质谱仪分离、检测。根据保留时间、碎片离子质荷比及不同离子丰度比定性,内标法定量。

检测设备:气相色谱质谱联用仪。

(5)方法依据:主要依据《顶空气相色谱法(HS-GC)测定水中芳香族挥发性有机物》(SL 496—2010)。

检测原理:详见2.1.36(5)中检测原理。

检测设备:气相色谱仪。

2.2.25　乙苯

(1)方法依据:主要依据《吹扫捕集气相色谱/质谱分析法(GC/MS)测定水中挥发性有机污染物》(SL 393—2007)。

检测原理:详见2.1.34(1)中检测原理。

检测设备:气相色谱质谱联用仪。

(2)方法依据:主要依据《水质　挥发性有机物的测定　吹扫捕集/气相色谱-质谱法》(HJ 639—2012)。

检测原理:详见2.1.34(4)中检测原理。

检测设备:气相色谱质谱联用仪。

(3)方法依据:主要依据《水质　挥发性有机物的测定　吹扫捕集/气相色谱法》(HJ 686—2014)。

检测原理:详见2.1.34(5)中检测原理。

检测设备:气相色谱仪。

(4)方法依据:主要依据《水质　挥发性有机物的测定　顶空/气相色谱-质谱法》(HJ 810—2016)。

检测原理:详见2.1.34(6)中检测原理。

检测设备:气相色谱质谱联用仪。

(5)方法依据:主要依据《顶空气相色谱法(HS-GC)测定水中芳

香族挥发性有机物》(SL 496—2010)。

检测原理:详见 2.1.36(5)中检测原理。

检测设备:气相色谱仪。

2.2.26　二甲苯(总量)

(1)方法依据:主要依据《吹扫捕集气相色谱/质谱分析法(GC/MS)测定水中挥发性有机污染物》(SL 393—2007)。

检测原理:详见 2.1.34(1)中检测原理。

检测设备:气相色谱质谱联用仪。

(2)方法依据:主要依据《水质　挥发性有机物的测定　吹扫捕集/气相色谱-质谱法》(HJ 639—2012)。

检测原理:详见 2.1.34(4)中检测原理。

检测设备:气相色谱质谱联用仪。

(3)方法依据:主要依据《水质　挥发性有机物的测定　吹扫捕集/气相色谱法》(HJ 686—2014)。

检测原理:详见 2.1.34(5)中检测原理。

检测设备:气相色谱仪。

(4)方法依据:主要依据《水质　挥发性有机物的测定　顶空/气相色谱-质谱法》(HJ 810—2016)。

检测原理:详见 2.1.34(6)中检测原理。

检测设备:气相色谱质谱联用仪。

(5)方法依据:主要依据《顶空气相色谱法(HS-GC)测定水中芳香族挥发性有机物》(SL 496—2010)。

检测原理:详见 2.1.36(5)中检测原理。

检测设备:气相色谱仪。

2.2.27　苯乙烯

(1)方法依据:主要依据《吹扫捕集气相色谱/质谱分析方法(GC/MS)测定水中挥发性有机污染物》(SL 393—2007)。

检测原理:详见 2.1.34(1)中检测原理。

检测设备:气相色谱质谱联用仪。

(2)方法依据:主要依据《水质　挥发性有机物的测定　吹扫捕集/气相色谱-质谱法》(HJ 639—2012)。

检测原理:详见 2.1.34(4)中检测原理。

检测设备:气相色谱质谱联用仪。

(3)方法依据:主要依据《水质　挥发性有机物的测定　吹扫捕集/气相色谱法》(HJ 686—2014)。

检测原理:详见 2.1.34(5)中检测原理。

检测设备:气相色谱仪。

(4)方法依据:主要依据《水质　挥发性有机物的测定　顶空/气相色谱-质谱法》(HJ 810—2016)。

检测原理:详见 2.1.34(6)中检测原理。

检测设备:气相色谱质谱联用仪。

(5)方法依据:主要依据《顶空气相色谱法(HS-GC)测定水中芳香族挥发性有机物》(SL 496—2010)。

检测原理:详见 2.1.36(5)中检测原理。

检测设备:气相色谱仪。

2.2.28　2,4-二硝基甲苯

(1)方法依据:主要依据《固相萃取气相色谱/质谱分析法(GC/MS)测定水中半挥发性有机污染物》(SL 392—2007)。

检测原理:取 1 L 水样(水样体积视待测物的浓度而定),加入回收率指示物,通过 C18 固相萃取柱吸附,用少量乙酸乙酯和二氯甲烷洗脱,洗脱液经脱水、浓缩,加入内标,定容。取 1 μL 注入毛细管柱气相色谱仪中,半挥发性有机物、内标和回收率指示物经程序升温色谱分离后,用质谱仪(MS)进行检测。将水样中待测物的保留时间及总离子流质谱图与标准样品中相应待测物的保留时间及总离子流质谱图作对照进行定性分析,每个已定性组分的浓度由其定量离子的质谱响应值与内标的定量离子响应值的比值计算。

检测设备:气相色谱质谱联用仪。

(2)方法依据:主要依据《水质　硝基苯类化合物的测定　气相色谱-质谱法》(HJ 716—2014)。

检测原理:采用液液萃取或固相萃取方法萃取样品中硝基苯类化合物,萃取液经脱水、浓缩、净化和定容后,用气相色谱质谱仪分离,质谱仪检测。根据保留时间和质谱图定性,内标法定量。

检测设备:气相色谱质谱联用仪。

(3)方法依据:主要依据《水质　硝基苯类化合物的测定　液液萃取/固相萃取-气相色谱法》(HJ 648—2013)。

检测原理:

①液液萃取:用一定量的甲苯萃取水中硝基苯类化合物,萃取液经脱水、净化后进行色谱分析。

②固相萃取:使用固相萃取柱或萃取盘吸附、富集水中硝基苯类化合物,用正己烷/丙酮洗脱,洗脱液经脱水、定容后进行色谱分析。萃取液注入气相色谱仪中,用石英毛细管柱将目标化合物分离,用电子捕获检测器测定,保留时间定性,外标法定量。

检测设备:气相色谱仪。

2.2.29　2,6-二硝基甲苯

(1)方法依据:主要依据《固相萃取气相色谱/质谱分析法(GC/MS)测定水中半挥发性有机污染物》(SL 392—2007)。

检测原理:详见2.1.28(1)中检测原理。

检测设备:气相色谱质谱联用仪。

(2)方法依据:主要依据《水质　硝基苯类化合物的测定　气相色谱-质谱法》(HJ 716—2014)。

检测原理:详见2.1.28(2)中检测原理。

检测设备:气相色谱质谱联用仪。

(3)方法依据:主要依据《水质　硝基苯类化合物的测定　液液萃取/固相萃取-气相色谱法》(HJ 648—2013)。

检测原理:详见2.1.28(3)中检测原理。

检测设备:气相色谱仪。

2.2.30　萘

(1)方法依据:主要依据《固相萃取气相色谱/质谱分析法(GC/MS)测定水中半挥发性有机污染物》(SL 392—2007)。

检测原理:详见2.1.28(1)中检测原理。

检测设备:气相色谱质谱联用仪。

(2)方法依据:主要依据《水质　挥发性有机物的测定　吹扫捕集/气相色谱-质谱法》(HJ 639—2012)。

检测原理:详见2.1.34(4)中检测原理。

检测设备:气相色谱质谱联用仪。

2.2.31　蒽

方法依据:主要依据《固相萃取气相色谱/质谱分析法(GC/MS)测定水中半挥发性有机污染物》(SL 392—2007)。

检测原理:详见2.1.28(1)中检测原理。

检测设备:气相色谱质谱联用仪。

2.2.32　荧蒽

方法依据:主要依据《固相萃取气相色谱/质谱分析法(GC/MS)测定水中半挥发性有机污染物》(SL 392—2007)。

检测原理:详见2.1.28(1)中检测原理。

检测设备:气相色谱质谱联用仪。

2.2.33　苯并(b)荧蒽

方法依据:主要依据《固相萃取气相色谱/质谱分析法(GC/MS)测定水中半挥发性有机污染物》(SL 392—2007)。

检测原理:详见2.1.28(1)中检测原理。

检测设备:气相色谱质谱联用仪。

2.2.34　苯并(a)芘

方法依据：主要依据《固相萃取气相色谱/质谱分析法(GC/MS)测定水中半挥发性有机污染物》(SL 392—2007)。

检测原理：详见 2.1.28(1)中检测原理。

检测设备：气相色谱质谱联用仪。

2.2.35　多氯联苯(总量)

(1)方法依据：主要依据《固相萃取气相色谱/质谱分析法(GC/MS)测定水中半挥发性有机污染物》(SL 392—2007)。

检测原理：详见 2.1.28(1)中检测原理。

检测设备：气相色谱质谱联用仪。

(2)方法依据：主要依据《气相色谱法测定水中有机氯农药和多氯联苯类化合物》(SL 497—2010)。

检测原理：用液液萃取法或固相萃取法对水样进行富集，萃取液经无水硫酸钠脱水，氮吹浓缩，溶剂置换为异辛烷后，用带有电子捕获检测器(ECD)的气相色谱对目标化合物进行分离和分析。

检测设备：气相色谱仪。

(3)方法依据：主要依据《水质　多氯联苯的测定　气相色谱-质谱法》(HJ 715—2014)。

检测原理：采用液液萃取法或固相萃取法萃取样品中的多氯联苯，萃取液经脱水、浓缩、净化和定容后，经气相色谱-质谱法分离和测定。根据保留时间、碎片离子质荷比及不同离子丰度比定性，内标法定量。

检测设备：气相色谱质谱联用仪。

2.2.36　邻苯二甲酸二(2-乙基己基)酯

(1)方法依据：主要依据《固相萃取气相色谱/质谱分析法(GC/MS)测定水中半挥发性有机污染物》(SL 392—2007)。

检测原理：详见 2.1.28(1)中检测原理。

检测设备：气相色谱质谱联用仪。

(2)方法依据:主要依据《气相色谱法测定水中酞酸酯类化合物》(SL 464—2009)。

检测原理:取1 L水样(水样体积视待测物的浓度而定),加入回收率指示物,用液液萃取法或固相萃取法对水样进行萃取富集,萃取液经无水硫酸钠脱水,浓缩定容,溶剂置换为正己烷后,用毛细管柱气相色谱仪分析测定。经定性、定量分析,最终求出各目标化合物的浓度。

检测设备:气相色谱仪。

2.2.37　2,4,6-三氯酚

(1)方法依据:主要依据《气相色谱法测定水中酚类化合物》(SL 463—2009)。

检测原理:用液液萃取法和固相萃取法对水样进行萃取富集,萃取液经无水硫酸钠脱水,氮吹浓缩,溶剂置换为异丙醇后,萃取液用气相色谱分离,用氢火焰离子化检测器(FID)分析,外标法定量。同时,SL 463—2009提供了酚类化合物的衍生化和净化步骤,以提高方法的灵敏度和准确度,消除干扰。衍生物用电子捕获检测器(ECD)分析,外标法定量。

检测设备:气相色谱仪。

(2)方法依据:主要依据《水质　酚类化合物的测定　气相色谱-质谱法》(HJ 744—2015)。

检测原理:在酸性条件(pH≤1)下,用液液萃取法和固相萃取法提取水样中的酚类化合物,经五氟苄基溴衍生化后用气相色谱-质谱法分离检测,以色谱保留时间和质谱特征离子定性,外标法或内标法定量。

检测设备:气相色谱质谱联用仪。

(3)方法依据:主要依据《水质　酚类化合物的测定　液液萃取/气相色谱法》(HJ 676—2013)。

检测原理:在酸性条件(pH<2)下,用二氯甲烷/乙酸乙酯混合溶剂萃取水样中的酚类化合物,浓缩后的萃取液采用气相色谱毛细管色谱柱分离,氢火焰检测器检测,以色谱保留时间定性,外标法定量。

检测设备：气相色谱仪。

2.2.38 五氯酚

(1)方法依据：主要依据《固相萃取气相色谱/质谱分析法(GC/MS)测定水中半挥发性有机污染物》(SL 392—2007)。

检测原理：详见2.1.28(1)中检测原理。

检测设备：气相色谱质谱联用仪。

(2)方法依据：主要依据《气相色谱法测定水中酚类化合物》(SL 463—2009)。

检测原理：详见2.1.37(1)中检测原理。

检测设备：气相色谱仪。

(3)方法依据：主要依据《水质 酚类化合物的测定 气相色谱-质谱法》(HJ 744—2015)。

检测原理：在酸性条件(pH≤1)下，用液液萃取法和固相萃取法提取水样中的酚类化合物，经五氟苄基溴衍生化后用气相色谱-质谱法分离检测，以色谱保留时间和质谱特征离子定性，外标法或内标法定量。

检测设备：气相色谱质谱联用仪。

(4)方法依据：主要依据《水质 酚类化合物的测定 液液萃取/气相色谱法》(HJ 676—2013)。

检测原理：详见2.1.37(3)中检测原理。

检测设备：气相色谱仪。

2.2.39 六六六(总量)

(1)方法依据：主要依据《固相萃取气相色谱/质谱分析法(GC/MS)测定水中半挥发性有机污染物》(SL 392—2007)。

检测原理：详见2.1.28(1)中检测原理。

检测设备：气相色谱质谱联用仪。

(2)方法依据：主要依据《气相色谱法测定水中有机氯农药和多氯联苯类化合物》(SL 497—2010)。

检测原理:详见 2. 1. 35(2)中检测原理。

检测设备:气相色谱仪。

(3)方法依据:主要依据《水质　有机氯农药和氯苯类化合物的测定　气相色谱-质谱法》(HJ 699—2014)。

检测原理:详见 2. 1. 24(4)中检测原理。

检测设备:气相色谱质谱联用仪。

2. 2. 40　γ-六六六(林丹)

(1)方法依据:主要依据《固相萃取气相色谱/质谱分析法(GC/MS)测定水中半挥发性有机污染物》(SL 392—2007)。

检测原理:详见 2. 1. 28(1)中检测原理。

检测设备:气相色谱质谱联用仪。

(2)方法依据:主要依据《气相色谱法测定水中有机氯农药和多氯联苯类化合物》(SL 497—2010)。

检测原理:详见 2. 1. 35(2)中检测原理。

检测设备:气相色谱仪。

(3)方法依据:主要依据《水质　有机氯农药和氯苯类化合物的测定　气相色谱-质谱法》(HJ 699—2014)。

检测原理:详见 2. 1. 24(4)中检测原理。

检测设备:气相色谱质谱联用仪。

2. 2. 41　滴滴涕(总量)

(1)方法依据:主要依据《固相萃取气相色谱/质谱分析法(GC/MS)测定水中半挥发性有机污染物》(SL 392—2007)。

检测原理:详见 2. 1. 28(1)中检测原理。

检测设备:气相色谱质谱联用仪。

(2)方法依据:主要依据《气相色谱法测定水中有机氯农药和多氯联苯类化合物》(SL 497—2010)。

检测原理:详见 2. 1. 35(2)中检测原理。

检测设备:气相色谱仪。

(3)方法依据：主要依据《水质　有机氯农药和氯苯类化合物的测定　气相色谱-质谱法》(HJ 699—2014)。

检测原理：详见2.1.24(4)中检测原理。

检测设备：气相色谱质谱联用仪。

2.2.42　六氯苯

(1)方法依据：主要依据《固相萃取气相色谱/质谱分析法(GC/MS)测定水中半挥发性有机污染物》(SL 392—2007)。

检测原理：详见2.1.28(1)中检测原理。

检测设备：气相色谱质谱联用仪。

(2)方法依据：主要依据《水质　有机氯农药和氯苯类化合物的测定　气相色谱-质谱法》(HJ 699—2014)。

检测原理：详见2.1.24(4)中检测原理。

检测设备：气相色谱质谱联用仪。

(3)方法依据：主要依据《水质　氯苯类化合物的测定　气相色谱法》(HJ 621—2011)。

检测原理：详见2.1.21(4)中检测原理。

检测设备：气相色谱仪。

2.2.43　七氯

(1)方法依据：主要依据《固相萃取气相色谱/质谱分析法(GC/MS)测定水中半挥发性有机污染物》(SL 392—2007)。

检测原理：详见2.1.28(1)中检测原理。

检测设备：气相色谱质谱联用仪。

(2)方法依据：主要依据《气相色谱法测定水中有机氯农药和多氯联苯类化合物》(SL 497—2010)。

检测原理：详见2.1.35(2)中检测原理。

检测设备：气相色谱仪。

(3)方法依据：主要依据《水质　有机氯农药和氯苯类化合物的测定　气相色谱-质谱法》(HJ 699—2014)。

检测原理：详见 2.1.24(4) 中检测原理。

检测设备：气相色谱质谱联用仪。

2.2.44　2,4-滴

方法依据：主要依据《生活饮用水标准检验方法　农药指标》毛细管柱色谱法(GB/T 5750.9—2006)。

检测原理：水在酸性条件下经乙酸乙酯萃取，然后在碱性条件下用碘甲烷溶液酯化，生产较易挥发的甲基化衍生物，用毛细管柱气相色谱-电子捕获检测器分离、测定。

检测设备：气相色谱仪。

2.2.45　克百威

方法依据：依据《Analysis of Aldicarb, Bromadiolone, Carbofuran, Oxamyl and Methomyl in Water by Multiple Reaction Monitoring Liquid Chromatography / Tandem Mass Spectrometry (LC/MS/MS)》(EPA CRLMS 014)。

检测原理：利用固相萃取装置萃取水中的克百威，经浓缩后使用具备电喷雾离子源和多反应监测模式的高效液相色谱串联三重四级杆质谱进行检测。

检测设备：高效液相色谱串联三重四级杆质谱进行检测。

2.2.46　涕灭威

方法依据：依据《Analysis of Aldicarb, Bromadiolone, Carbofuran, Oxamyl and Methomyl in Water by Multiple Reaction Monitoring Liquid Chromatography / Tandem Mass Spectrometry (LC/MS/MS)》(EPA CRLMS 014)。

检测原理：详见 2.2.44 中检测原理。

检测设备：高效液相色谱串联三重四级杆质谱进行检测。

2.2.47 敌敌畏

(1)方法依据:主要依据《固相萃取气相色谱/质谱分析法(GC/MS)测定水中半挥发性有机污染物》(SL 392—2007)。

检测原理:详见2.1.28(1)中检测原理。

检测设备:气相色谱质谱联用仪。

(2)方法依据:主要依据《水质 有机磷农药的测定 固相萃取-气相色谱法》(SL 739—2016)。

检测原理:取一定体积的水样,采用固相萃取法对水样进行萃取富集,萃取液经无水硫酸钠脱水,氮吹浓缩后,使用气相色谱经程序升温分离各种化合物,用氮磷检测器进行检测,根据保留时间定性,外标法定量。

检测设备:气相色谱仪。

2.2.48 甲基对硫磷

方法依据:主要依据《水质 有机磷农药的测定 固相萃取-气相色谱法》(SL 739—2016)。

检测原理:详见2.1.47(2)中检测原理。

检测设备:气相色谱仪。

2.2.49 马拉硫磷

(1)方法依据:主要依据《固相萃取气相色谱/质谱分析法(GC/MS)测定水中半挥发性有机污染物》(SL 392—2007)。

检测原理:详见2.1.28(1)中检测原理。

检测设备:气相色谱质谱联用仪。

(2)方法依据:主要依据《水质 有机磷农药的测定 固相萃取-气相色谱法》(SL 739—2016)。

检测原理:详见2.1.47(2)中检测原理。

检测设备:气相色谱仪。

2.2.50　乐果

(1)方法依据:主要依据《固相萃取气相色谱/质谱分析法(GC/MS)测定水中半挥发性有机污染物》(SL 392—2007)。

检测原理:详见2.1.28(1)中检测原理。

检测设备:气相色谱质谱联用仪。

(2)方法依据:主要依据《水质　有机磷农药的测定　固相萃取-气相色谱法》(SL 739—2016)。

检测原理:详见2.1.47(2)中检测原理。

检测设备:气相色谱仪。

2.2.51　毒死蜱

(1)方法依据:主要依据《固相萃取气相色谱/质谱分析法(GC/MS)测定水中半挥发性有机污染物》(SL 392—2007)。

检测原理:详见2.1.28(1)中检测原理。

检测设备:气相色谱质谱联用仪。

(2)方法依据:主要依据《水质　有机磷农药的测定　固相萃取-气相色谱法》(SL 739—2016)。

检测原理:详见2.1.47(2)中检测原理。

检测设备:气相色谱仪。

2.2.52　百菌清

(1)方法依据:主要依据《水质　百菌清及拟除虫菊酯类农药的测定　气相色谱-质谱法》(HJ 753—2015)。

检测原理:采用液液萃取法或固相萃取法,萃取水样中百菌清及拟除虫菊酯类农药,萃取液经脱水、浓缩、净化、定容后,用气相色谱分离,质谱检测。根据保留时间、碎片离子质荷比及其丰度比定性,内标法定量。

检测设备:气相色谱质谱联用仪。

(2)方法依据:主要依据《水质　百菌清和溴氰菊酯的测定　气相

色谱法》(HJ 698—2014)。

检测原理:用正己烷萃取样品中百菌清和溴氰菊酯,萃取液经无水硫酸钠脱水、浓缩、定容后,用气相色谱仪-电子捕获检测器(ECD)分离、检测,根据保留时间定性,外标法定量。

检测设备:气相色谱仪。

2.2.53 莠去津(阿特拉津)

(1)方法依据:主要依据《固相萃取气相色谱/质谱分析法(GC/MS)测定水中半挥发性有机污染物》(SL 392—2007)。

检测原理:详见2.1.28(1)中检测原理。

检测设备:气相色谱质谱联用仪。

(2)方法依据:主要依据《水质 阿特拉津的测定 气相色谱法》(HJ 754—2015)。

检测原理:用二氯甲烷萃取水中的阿特拉津,萃取液经无水硫酸钠脱水干燥、浓缩,转换成丙酮溶液,定容后用气相色谱仪-氮磷检测器分离和检测,根据保留时间定性,外标法定量。

检测设备:气相色谱仪。

2.2.54 草甘膦

方法依据:主要依据《生活饮用水标准检验方法 农药指标》(GB/T 5750.9—2006)。

检测原理:采用阴离子或阳离子交换色谱法分离草甘膦和氨甲基膦酸,经柱后衍生,用荧光检测器检测。柱后衍生反应为先用次氯酸盐溶液将草甘膦氧化成氨基乙酸;然后氨基乙酸与邻苯二醛(OPA)和2-巯基乙醇(MERC)的混合液反应,形成一种强光的异吲哚产物。氨甲基磷酸可直接与OPA/MERC混合液反应,在次氯酸盐存在下,检测灵敏度会下降。

检测设备:高效液相色谱仪。

第 3 节　地下水指标检测用仪器设备

以地下水环境质量标准中提及的 93 项常规指标为分析对象，以 2.1~2.2 节中各项检测方法为检测依据，归纳 93 项指标检测所需仪器设备，如表 2-1 所示。

表 2-1　93 项指标检测所需仪器设备(依据相关标准方法)

序号	仪器设备	检测指标
1	具塞比色管	色，嗅和味*，浑浊度，肉眼可见物*
2	电子天平	溶解性总固体，硫酸盐
3	干燥箱	总大肠菌群*，菌落总数*
4	酸式滴定管	总硬度，氯化物，挥发性酚类，耗氧量(高锰酸盐指数)，硫化物
5	便携式水质分析仪	pH
6	低本底 α、β 测量仪	总 α 放射性*，总 β 放射性*
7	离子色谱仪	硫酸盐，氯化物，亚硝酸盐，硝酸盐，氟化物
8	连续流动分析仪	阴离子表面活性剂，氨氮，硫化物，氰化物
9	原子吸收仪	铁，锰，铜，锌，钠，硒，镉，铅，铍，钡，镍，钴，钼，银，铊
10	原子荧光光度计	汞，砷，硒
11	紫外可见分光光度计	挥发性酚类，阴离子表面活性剂，氨氮，硫化物，亚硝酸盐，硝酸盐，氟化物，碘化物，铬(六价)
12	电感耦合等离子体质谱仪	锰，铜，锌，铝，钠，汞，砷，硒，镉，铅，铍，硼，锑，钡，镍，钴，钼，银，铊

续表 2-1

序号	仪器设备	检测指标
13	气相色谱仪	三氯甲烷,四氯化碳,苯,甲苯,二氯甲烷,1,2-二氯乙烷,1,1,1-三氯乙烷,三溴甲烷,氯乙烯,1,2-二氯乙烯,三氯乙烯,四氯乙烯,氯苯,邻二氯苯,对二氯苯,三氯苯(总量),乙苯,二甲苯(总量),苯乙烯,2,4-二硝基甲苯,2,6-二硝基甲苯,多氯联苯(总量),邻苯二甲酸二(2-乙基己基)酯,2,4,6-三氯酚,五氯酚,六六六(总量),γ-六六六(林丹),滴滴涕(总量),六氯苯,七氯,2,4-滴,敌敌畏,甲基对硫磷,马拉硫磷,乐果,毒死蜱,百菌清,莠去津(阿特拉津)
14	气相色谱质谱联用仪	三氯甲烷,四氯化碳,苯,甲苯,二氯甲烷,1,2-二氯乙烷,1,1,1-三氯乙烷,1,1,2-三氯乙烷,1,2-二氯丙烷,三溴甲烷,氯乙烯,1,1-二氯乙烯,1,2-二氯乙烯,三氯乙烯,四氯乙烯,氯苯,邻二氯苯,对二氯苯,三氯苯(总量),乙苯,二甲苯(总量),苯乙烯,2,4-二硝基甲苯,2,6-二硝基甲苯,萘,蒽,荧蒽,苯并(b)荧蒽,苯并(a)芘,多氯联苯(总量),邻苯二甲酸二(2-乙基己基)酯,2,4,6-三氯酚,五氯酚,六六六(总量),γ-六六六(林丹),滴滴涕(总量),六氯苯,七氯,敌敌畏,马拉硫磷,乐果,毒死蜱,百菌清,莠去津(阿特拉津)
15	液相色谱仪	萘,蒽,荧蒽,苯并(b)荧蒽,苯并(a)芘,莠去津,草甘膦
16	液相质谱联用仪	克百威,涕灭威

注：* 该指标检测无需标准物质。

第 3 章　地下水检测标准物质市场调研

标准物质是具有高度均匀性、良好稳定性和量值准确的测量标准，也是《中华人民共和国计量法》中依法管理的计量标准，它们具有复现、保存和传递量值的基本作用，对实现测量结果的溯源性，保证测量结果在时间与空间上的连续性、可比性，进而确保测量结果的可靠、有效与国际互认具有关键作用。其应用和支撑作用几乎涉及能源、矿产、环境、农业、制造业、交通运输业、健康、绿色节能、食品安全、国际贸易、国防等所有国家社会和经济发展中的重点领域，是在上述领域内开展化学、生物、工程与物理量有效测量所必需的“标尺”与“砝码”。

为保证检测行业工作的顺利开展，我国相关部委均设置了相关标准物质的生产研究机构，如中国计量科学研究院、生态环境部标准样品研究所、国家有色金属及电子材料分析测试中心、农业农村部环境保护科研监测所(天津)等。为了更好地了解目前国内相关标准物质研究现状，本书针对上述各生产研究机构涉及地下水 93 项指标的标准物质进行了统计分析。

第 1 节　中国计量科学研究院

中国计量科学研究院成立于 1955 年，隶属国家市场监督管理总局，是国家最高的计量科学研究中心和国家级法定计量技术机构，属社会公益型科研单位。建院以来，中国计量科学研究院瞄准国际计量科学前沿，在国家经济建设、社会发展和科技进步中发挥了重要的支撑作用，主要开展以下工作：

（1）开展计量科学基础研究，以及计量技术前沿、测量理论、测量技术、量值传递和溯源方法研究。

（2）开展计量管理体系和相关法规的研究、计量发展规划和战略研究，承担国家测量体系、量值传递和溯源体系的研究和建设工作。

（3）研究、建立、保存、维护国家计量基准和国家计量标准，研制并保存国家有证标准物质，复现国际单位制。研究、建立、维护国家时间频率体系及中国标准时间。

（4）开展相关计量基准、标准和标准物质的国际量值比对和区域比对，负责保持量值国际等效。开展国内量值比对，承担计量技术机构考核、计量标准考核和能力验证的技术工作，开展测量方法和测量结果的可靠性评价工作。

（5）开展量值传递和溯源工作，承担国家级重点实验室及相关检验检测技术机构的量值溯源工作。

（6）开展高新技术和新发展领域量值传递和溯源体系及应用技术研究工作，开展工程计量测量仪器设备的研究与开发。

（7）承担计量器具型式评价试验和产品质量监督抽查技术支撑等相关工作。

（8）承担相关国家计量技术规范的制修订工作，承担计量领域相关国际建议、国际标准、国家标准的研究和制修订工作，开展测量数据和方法的分析与验证。

（9）开展对法定计量技术机构的技术指导，开展计量知识传播和科学普及工作，承担高级计量专业人才培养工作。

（10）开展计量科技成果转化、计量创新企业培育等工作。

（11）开展有关国际合作与交流。

为确保标准物质量值的准确可靠，中国计量科学研究院积极开展基准、高准确度定值方法研究及制备技术研究。同时，建立了覆盖国家级标准物质和中国计量科学研究院-标准物质的标准物质、符合 ISO

导则34、ISO导则35要求的全面质量管理体系。作为国际计量委员会《国家计量基(标)准和国家计量院签发测量与校准证书互认协议》的签署成员,代表国家定期接受国际计量界对该质量管理体系的同行评审,开展标准物质及相关校准测量能力的国际互认。

标准物质的研制生产按照一定流程进行严格的质量控制,并将参加由国际计量局或其他国际机构组织的国际物质量咨询委员会、国际质量及相关量咨询委员会、美国实验材料协会等国际比对及能力验证作为外部质量控制和取得标准物质国际互认的有效手段。

国际物质量咨询委员会成立于1993年,其工作主要涉及:物质量基准测量方法、国际比对、建立国家实验室间测量结果的国际等效度及向国际计量委员会提供有关化学计量方面的建议。

国际质量及相关量咨询委员会成立于1980年,其工作主要涉及:质量、密度、压力等方面的测量和国际比对工作、建立国家实验室间测量结果的国际等效度及向国际计量委员会提供有关质量及相关量计量方面的建议。

中国计量科学研究院代表国家全面参加国际物质量咨询委员会、国际质量及相关量咨询委员会下属无机、有机、气体、生化、表面分析、黏度等工作组组织的各项国际计量比对工作。

目前,中国计量科学研究院可提供有证标准物质1 761种,其中,一级有证标准物质760种,二级有证标准物质1 001种,覆盖高分子、工程技术、核材料、化工、环境、矿产、临床、煤炭石油、食品、物化特性及有色11个专业领域。一级、二级有证标准物质示意见图3-1、图3-2。

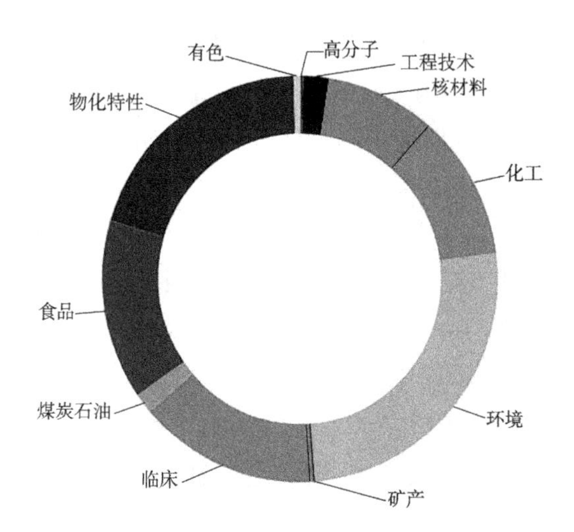

注：一级有证标准物质 760 种。

图 3-1　一级有证标准物质示意

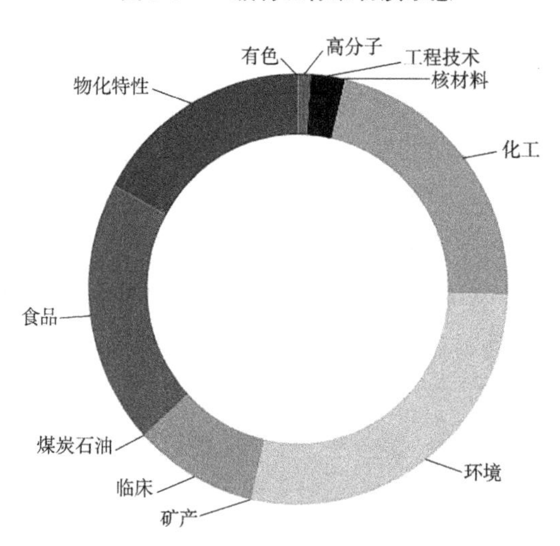

注：二级有证标准物质 1 001 种。

图 3-2　二级有证标准物质示意

第2节　水利部水环境监测评价研究中心

水利部水环境监测评价研究中心作为水利部水文局等相关司局的重要技术支撑单位,全面负责水利系统水环境实验室相关检验检测工作的质量管理与控制,如标准方法的开发与编制、标准物质的研制与生产、水利行业水质监测从业人员技术岗位考核、水利系统水环境实验室能力验证等。

水利部水环境监测评价研究中心多年从事标准物质的研制、生产与销售,截至2016年12月31日共研制生产标准物质153种,其中国家一级标准物质、国家二级标准物质共75种,工作标准物质78种,基本涵盖《地表水环境质量标准》(GB 3838—2002)中的所有常规监测项目。

第3节　生态环境部标准样品研究所

生态环境部标准样品研究所组建于1996年(其前身为始建于1981年的中国环境监测总站标准室),隶属于中日友好环境保护中心,为部核准的挂牌单位。生态环境部标准样品研究所遵循“科学严谨、量值准确、优质高效、客户满意”的质量方针,按照ISO指南34:2000《标准样品生产者能力的通用要求》和ISO/IEC17025:2005《检测和校准实验室能力的通用要求》开展各类环境标准样品研究、生产与应用服务,按照ILAC-G13:2000《能力验证计划提供者能力的要求》为环境及相关检测实验室提供能力验证技术服务,并于2005年在国内率先获得中国合格评定国家认可委员会(China National Accreditation Service for conformity assessment,简称CNAS)标准物质/标准样品生产者能力认可(证书编号为No. CNAS RM0001),同时获得CNAS能力验证计划提供者能力认可(证书编号为No. CNAS PT0007)。

生态环境部标准样品研究所作为我国环境标准样品的研发和生产基地，迄今已有441种环境标准样品被国家质量监督检验检疫总局批准为中华人民共和国国家标准样品和国家一级标准物质。

第4节 农业农村部环境保护科研监测所

农业农村部环境保护科研监测所成立于1979年，是我国从事农业农村环境保护科学研究和监测的专业机构，1997年划归中国农业科学院，2002年获批为非营利性科研机构。研究所始终坚持“创新、求是、协和、笃行”的发展理念，坚持“三个面向”，建设“两个一流”，重点围绕农田污染防治、农业环境监测与预警、生态循环农业和乡村生态环境治理四大学科领域的基础性、战略性、关键性、应急性重大科技问题，努力把研究所建设成为国际一流、国内领先的农业农村环境保护和监测科技创新中心、技术交流与转化中心和高层次人才培养中心，为我国现代农业发展和乡村振兴战略实施提供科技支撑。

农业农村部环境保护科研监测所共研发了162种高浓度农药残留二级标准物质，同时正在开展内标物溶液对照品、基质农药对照品的研制工作，每年为全国近700家检测机构提供4万余支农药残留标准品技术服务。

第5节 国家有色金属及电子材料分析测试中心

国家有色金属及电子材料分析测试中心是1983年6月经原国家科委批准成立的第一个国家级分析测试机构，建设在北京有色金属研究总院，业务上受国家科学技术部指导。1991年12月通过了国家技术监督局的计量认证，挂靠在北京有色金属研究总院，业务上受国家科学技术委员会指导，是14个国家级分析测试中心之一。

国家有色金属及电子材料分析测试中心共研制了70余种单元素

标准溶液和10余种多元素混合标准溶液，已广泛应用于高等院校、化学化工、环境卫生、质量监督检验检疫、有色金属、冶金等行业的分析检测部门。

第6节　国内相关部委标样生产情况

为保证检测行业工作的顺利开展，我国相关部委均设置了相关标准物质的生产研究机构，如中国计量科学研究院、水利部水环境监测评价研究中心、生态环境部标准样品研究所、国家有色金属及电子材料分析测试中心、农业农村部环境保护科研监测所(天津)等。为了更好地了解目前国内相关标准物质研究现状，针对上述各生产研究机构涉及地下水的93项指标的标准物质进行统计分析。国内相关部委生产地下水指标标准物质情况见表3-1。

表3-1　国内相关部委生产地下水指标标准物质情况

序号	指标	水利部水环境监测评价研究中心	中国计量科学研究院	生态环境部标准样品研究所	国家有色金属及电子材料分析测试中心	农业农村部环境保护科研监测所
1	色		√			
2	嗅和味	无需标准物质				
3	浑浊度		√			
4	肉眼可见物	无需标准物质				
5	pH	√	√	√		
6	总硬度	√	√	√		
7	溶解性总固体		√			
8	硫酸盐	√	√	√	√	
9	氯化物	√	√	√	√	
10	铁	√	√	√	√	
11	锰	√	√	√	√	

续表 3-1

序号	指标	水利部水环境监测评价研究中心	中国计量科学研究院	生态环境部标准样品研究所	国家有色金属及电子材料分析测试中心	农业农村部环境保护科研监测所
12	铜	√	√	√	√	
13	锌	√	√	√	√	
14	铝		√	√	√	
15	挥发性酚类	√	√	√		
16	阴离子表面活性剂		√			
17	耗氧量	√	√	√		
18	氨氮	√	√	√	√	
19	硫化物		√	√		
20	钠	√	√	√	√	
21	总大肠菌群	无需标准物质				
22	菌落总数	无需标准物质				
23	亚硝酸盐	√	√	√	√	
24	硝酸盐	√	√	√	√	
25	氰化物	√	√	√		
26	氟化物	√	√	√	√	
27	碘化物				√	√
28	汞	√	√	√	√	
29	砷	√	√	√	√	
30	硒	√	√	√	√	
31	镉	√	√	√	√	
32	铬(六价)	√	√	√	√	
33	铅	√	√	√	√	
34	三氯甲烷	√	√	√		
35	四氯化碳	√	√	√		
36	苯	√	√	√		

续表 3-1

序号	指标	水利部水环境监测评价研究中心	中国计量科学研究院	生态环境部标准样品研究所	国家有色金属及电子材料分析测试中心	农业农村部环境保护科研监测所
37	甲苯	√	√	√		
38	总α放射性	无需标准物质				
39	总β放射性	无需标准物质				
40	铍		√	√	√	
41	硼		√	√	√	
42	锑		√	√	√	
43	钡		√	√	√	
44	镍	√	√	√	√	
45	钴		√	√	√	
46	钼		√	√	√	
47	银		√	√	√	
48	铊		√	√	√	
49	二氯甲烷		√	√		
50	1,2-二氯乙烷	√	√	√		
51	1,1,1-三氯乙烷	√	√	√		
52	1,1,2-三氯乙烷		√	√		
53	1,2-二氯丙烷			√		
54	三溴甲烷	√	√	√		
55	氯乙烯					
56	1,1-二氯乙烯		√	√		
57	1,2-二氯乙烯		√	√		
58	三氯乙烯		√	√		
59	四氯乙烯		√	√		
60	氯苯	√	√	√		
61	邻二氯苯	√	√	√		

续表 3-1

序号	指标	水利部水环境监测评价研究中心	中国计量科学研究院	生态环境部标准样品研究所	国家有色金属及电子材料分析测试中心	农业农村部环境保护科研监测所
62	对二氯苯	√	√	√		
63	三氯苯(总量)[a]					
64	乙苯	√	√	√		
65	二甲苯(总量)[b]	√	√	√		
66	苯乙烯	√	√	√		
67	2,4-二硝基甲苯		√	√		
68	2,6-二硝基甲苯		√	√		
69	萘	√	√	√		
70	蒽		√			
71	荧蒽		√			
72	苯并(b)荧蒽		√	√		
73	苯并(a)芘		√	√		√
74	多氯联苯(总量)[c]			√		
75	邻苯二甲酸二(2-乙基己基)酯	√		√		
76	2,4,6-三氯酚		√	√		
77	五氯酚		√	√		
78	六六六(总量)[d]					
79	γ-六六六(林丹)	√	√	√		
80	滴滴涕(总量)[e]					
81	六氯苯	√	√	√		
82	七氯			√		√
83	2,4-滴					√
84	克百威					√
85	涕灭威					√
86	敌敌畏	√	√	√		√

续表 3-1

序号	指标	水利部水环境监测评价研究中心	中国计量科学研究院	生态环境部标准样品研究所	国家有色金属及电子材料分析测试中心	农业农村部环境保护科研监测所
87	甲基对硫磷	√	√	√		√
88	马拉硫磷	√	√	√		√
89	乐果	√	√	√		√
90	毒死蜱					√
91	百菌清	√	√			√
92	莠去津	√		√		√
93	草甘膦					√

注：a. 三氯苯(总量)为 1,2,3-三氯苯、1,2,4-三氯苯、1,3,5-三氯苯三种异构体加和。

b. 二甲苯(总量)为邻二甲苯、间二甲苯、对二甲苯三种异构体加和。

c. 多氯联苯(总量)为 PCB28、PCB52、PCB101、PCB118、PCB138、PCB153、PCB180、PCB194、PCB206 等 9 种多氯联苯单体加和。

d. 六六六(总量)为 α-六六六、β-六六六、γ-六六六、δ-六六六四种异构体加和。

e. 滴滴涕(总量)为 o,p′-滴滴涕、p,p′-滴滴伊、p,p′-滴滴滴、p,p′-滴滴涕四种异构体加和。

由统计数据可以看出，地下水中各指标标准物质目前主要由中国计量科学研究院、生态环境部标准样品研究所和水利部水环境监测评价研究中心三个单位生产，且三家单位生产的标准物质均未覆盖地下水质量标准 93 项指标；同时发现指标中仍有部分标准品需进口购买，如氯乙烯、滴滴涕(总量)、六六六(总量)、三氯苯(总量)等。

第 4 章 地下水混合标准物质共存验证

第 1 节 常规指标混合标准物质验证

离子色谱法是以低交换容量的离子交换树脂为固定相对离子性物质进行分离,用电导检测器连续检测流出物电导变化的一种色谱方法,是分析阴离子和阳离子的一种常用方法。可具体针对钾、钠、钙、镁、氨、氯、氟、硫酸根、硝酸根、亚硝酸根等离子进行测定。另外,考虑到目前我国水利检测行业离子色谱仪已基本配备的情况,项目组选取离子色谱仪对混合离子共存进行验证。

为配置适用于《地下水质量标准》(GB/T 14848—2017)中相关指标,项目组配制了经封口、灭菌的混合离子标准物质,并通过与空白组(各单离子标准物质)进行结果比对,验证离子间是否存在相互干扰。相关实验结果显示,混合离子标准物质中除亚硝酸根离子有趋势性变化外(见图 4-1),其他各离子均较为稳定,因此确定配制可用于离子色谱仪检测的混合标准物质Ⅰ具体信息如下。

4.1.1 常规指标混合标准物质Ⅰ

通过混合标准物质验证实验,项目组确定了可包含地下水标准样品中的钠、氯化物、硫酸盐、氟化物、硝酸盐、总硬度、pH 等 7 项指标的混合标准物质,涉及原子吸收、电感耦合、离子色谱及便携式水质分析仪等仪器设备。具体内容如下。

(1)涉及指标(7 项)。

具体包括:钠、氯化物、硫酸盐、氟化物、硝酸盐、总硬度、pH。

(2)配置方案。

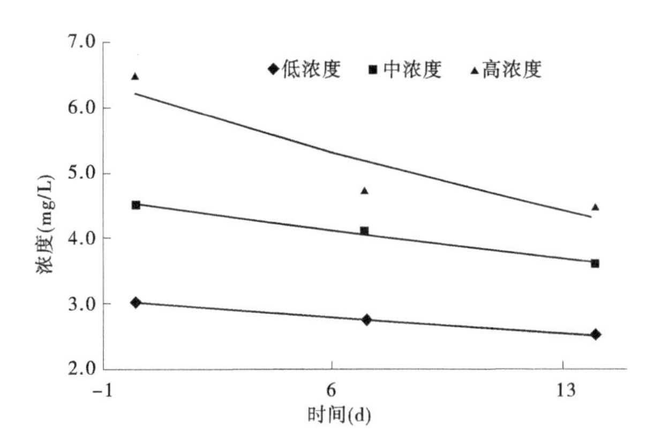

图 4-1　混合离子标准物质中亚硝酸盐氮浓度变化趋势

①原材料:氯化钾、氟化钠、硝酸钾、无水硫酸镁、碳酸钙、碳酸氢钠、三羟甲基氨基甲烷、盐酸。

②配置原理:准确称取一定量的上述原材料,并用盐酸对碳酸钙和碳酸氢钠进行溶解,最终确定配置溶液中的钠离子、氯离子、硫酸根、钙离子、镁离子、钾离子及碳酸氢根含量;利用溶液中钙离子、镁离子、碳酸氢根等浓度,利用相关公式精确计算总硬度及 pH 标准浓度。

③计算过程(以总硬度为例):

$$总硬度=(C_{Ca}/M_{Ca}+C_{Mg}/M_{Mg})\times M_{CaCO_3}$$

式中　C_{Ca}——溶液中钙离子浓度,mg/L;

C_{Mg}——溶液中镁离子浓度,mg/L;

M_{Ca}——钙离子相对分子质量;

M_{Mg}——镁离子相对分子质量;

M_{CaCO_3}——碳酸钙相对分子质量。

(3)验证方法。

利用离子色谱对常规指标混合标准物质中的氯离子、氟离子、硝酸根、硫酸根、钙离子、镁离子共存及检测进行验证,验证结果证明可共存且定量分析时互不干扰。常规指标混合标准物质I中离子共存验证谱图如图 4-2、图 4-3 所示,常规指标混合标准物质各离子标准曲线如图 4-4 所示。

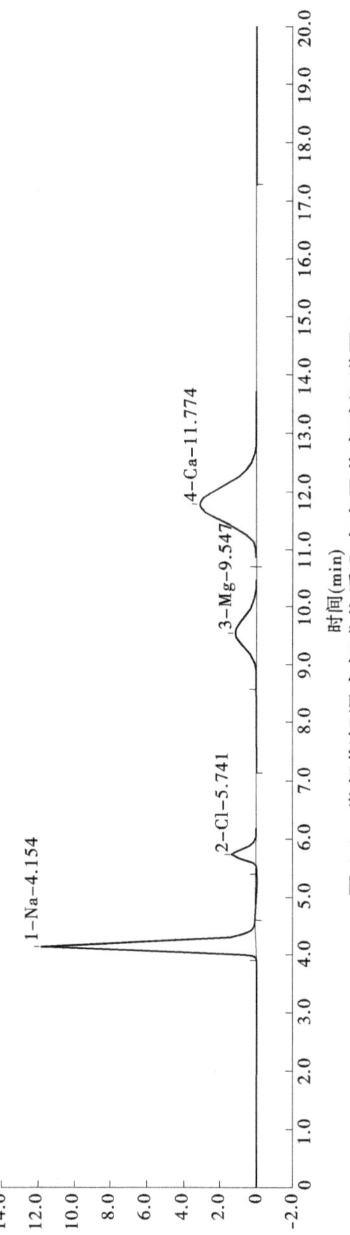

图 4-2　常规指标混合标准物质Ⅰ中离子共存验证谱图 1

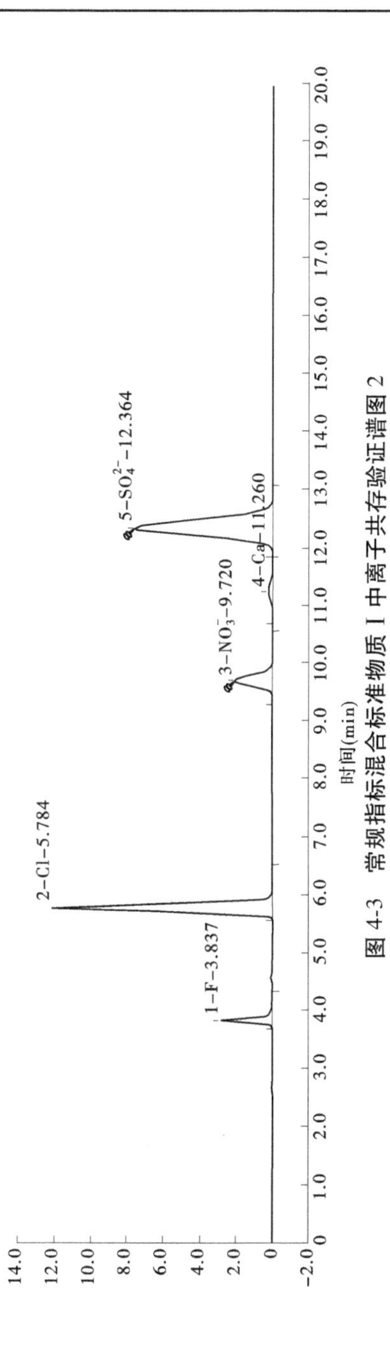

图 4-3　常规指标混合标准物质Ⅰ中离子共存验证谱图 2

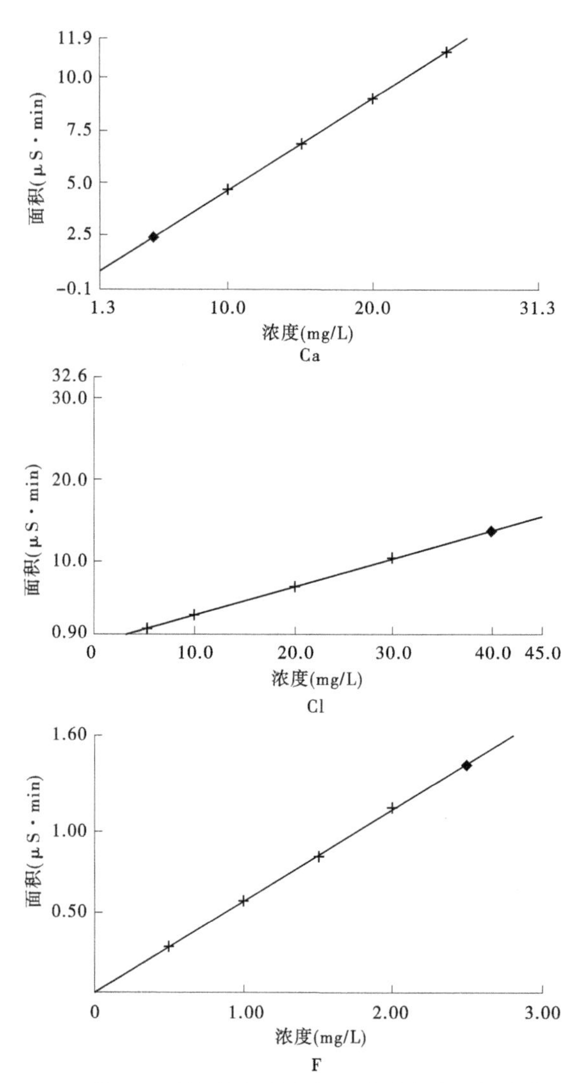

图 4-4　常规指标混合标准物质各离子标准曲线

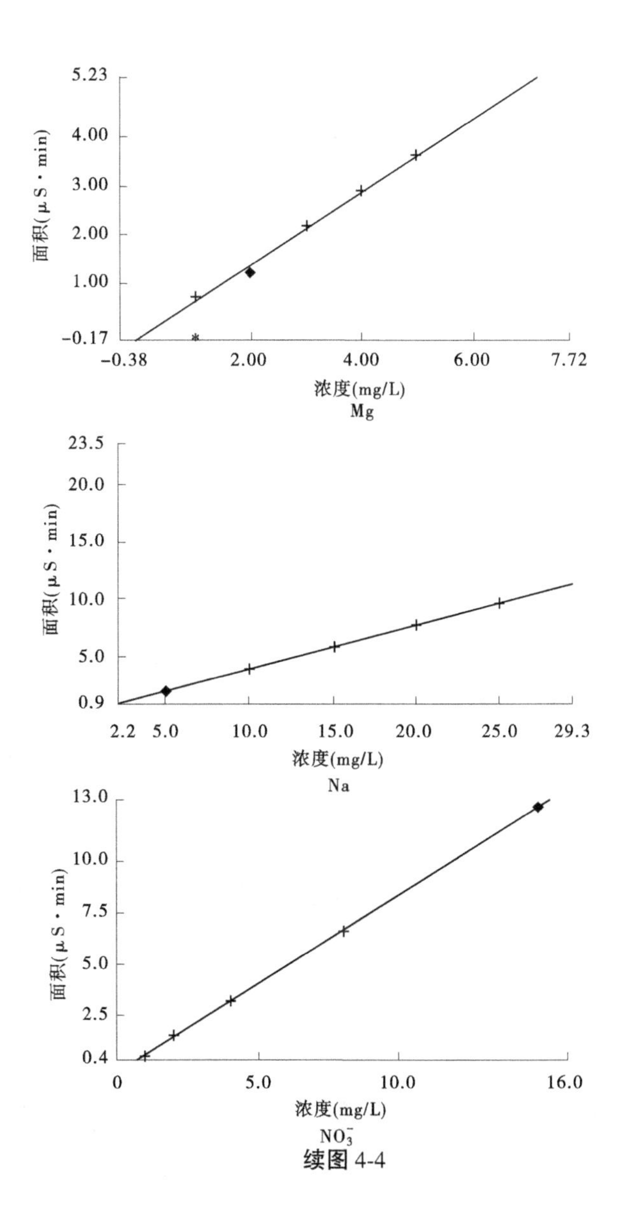
5.23
4.00
3.00
2.00
1.00
−0.17
面积(μS·min)
−0.38
2.00
4.00
6.00
7.72
浓度(mg/L)
Mg
23.5
20.0
15.0
10.0
5.0
0.9
面积(μS·min)
2.2
5.0
10.0
15.0
20.0
25.0
29.3
浓度(mg/L)
Na
13.0
10.0
7.5
5.0
2.5
0.4
面积(μS·min)
0
5.0
10.0
16.0
浓度(mg/L)
NO_3^-

续图 4-4

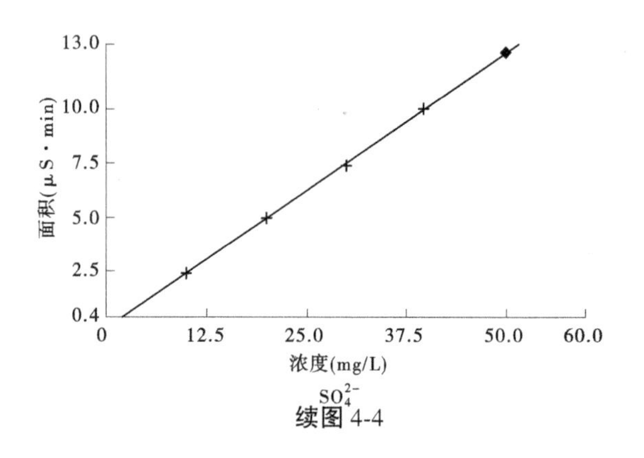

续图 4-4

4.1.2　常规指标单项配置标准物质

根据各指标所涉及的标准检测方法规定,同时考虑各检测仪器设备原理,确定单项配置标准物质清单如下。

(1)涉及指标(13 项)。

色、浑浊度、挥发性酚类、耗氧量(高锰酸盐指数)、氨氮、溶解性总固体、阴离子表面活性剂、硫化物、氰化物、碘化物、铬(六价)、亚硝酸盐、硼。

(2)配置方案。

①原材料:硅藻土、苯酚、葡萄糖、碘化钾、重铬酸钾、亚硝酸钠、硼酸等。

②配置原理:准确称取一定量的上述原材料,并用纯水进行溶解,最终确定配置溶液中的各指标具体含量。

第 2 节　重金属及类金属混合标准物质验证

目前,我国多方标准物质生产单位(包括中国计量科学研究院、生态环境部标准样品研究所、农业农村部环境保护科研监测所、国家有色金属及电子材料分析测试中心等各部委单位，以及安捷伦、百灵威等公司）均已推出了重金属及类金属混合标准物质，经查询参考国内各方产品清单目录，筛选出适用于地下水环境质量标准中17项重金属及类金属指标，最终确定配置方案如下。

4.2.1　重金属及类金属混合标准物质Ⅰ

（1）涉及指标（17项）。

铜（Cu）、锌（Zn）、铅（Pb）、镉（Cd）、砷（As）、硒（Se）、铁（Fe）、锰（Mn）、钼（Mo）、钴（Co）、铍（Be）、锑（Sb）、镍（Ni）、钡（Ba）、银（Ag）、铝（Al）、铊（Tl）。

（2）配置方案。

①原材料：铜粉、锌粒、铅粉、镉粒、三氧化二砷、锰片、镍海绵、硝酸等。

②配置原理：准确称取一定量的上述原材料，并用硝酸进行溶解，最终确定配置溶液中的各指标具体含量。

4.2.2　重金属单元素标准物质

（1）涉及指标（1项）。

汞Hg。

（2）配置方案。

①原材料：氯化汞、硝酸、纯水等。

②配置原理：准确称取一定量的上述原材料，并用硝酸进行溶解，含一定比例硝酸的纯水定容，最终确定配置溶液中的各指标具体含量。

第3节　挥发性有机污染物混合标准物质验证

吹扫捕集-气相色谱质谱法是利用吹扫捕集对水体中挥发性有机污染物进行富集，再通过气相色谱进行分离，最终使用质谱检测器连续检测流出物电导变化的一种检测方法，是分析挥发性有机污染物的一种常用方法。可具体针对《地下水环境质量标准》(GB/T 14848)中的各类挥发性有机物进行测定。因此，项目组选取吹扫捕集-气相色谱质谱仪对混合挥发性有机污染物共存进行验证。

(1)涉及指标(22项)。

三氯甲烷、四氯化碳、三溴甲烷、二氯甲烷、1,2-二氯乙烷、1,1,1-三氯乙烷、1,1,2-三氯乙烷、1,2-二氯丙烷、氯乙烯、1,1-二氯乙烯、1,2-二氯乙烯、三氯乙烯、四氯乙烯、苯乙烯、苯、甲苯、乙苯、二甲苯(总量)、氯苯、邻二氯苯、对二氯苯、三氯苯(总量)。

(2)配置方案。

①原材料：上述各化合物标准物质纯品。

②配置原理：准确称取一定量的上述原材料，农残级甲醇定容，最终计算并检测确定配置溶液中的各指标具体含量。

(3)验证方法。

利用吹扫捕集-气相色谱质谱法(仪器条件见表4-1)对挥发性有机污染物混合标准物质中的共计22项化合物共存及检测进行验证，验证结果证明可共存且定量分析时互不干扰。

表4-1 吹扫捕集-气相色谱质谱仪器条件

序号	部件名称	条件设置
1	吹扫捕集	高纯氦气；吹扫气体的流速：40 mL/min；吹扫时间：11 min；解吸温度：190 ℃；解吸反吹气体流速：15 mL/min；解吸时间：4 min；烘烤温度：280 ℃；烘烤时间：20 min
2	色谱柱	DB-624 60 m×0.25 mm×1.40 μm
3	进样口	温度：180 ℃；分流比：5:1；柱流速：1.0 mL/min
4	色谱柱	柱温：40 ℃，4 min；3 ℃/min 升温到 100 ℃(保持 10 min)，5 ℃/ min 升温到 220 ℃，共 58 min
5	离子源	温度：280 ℃；界面传输温度：280 ℃；溶剂延迟：2 min

挥发性有机污染物混合标准物质Ⅰ中化合物共存验证谱图如图 4-5 所示,挥发性有机污染物混合物质各化合物标准曲线如图 4-6 所示。

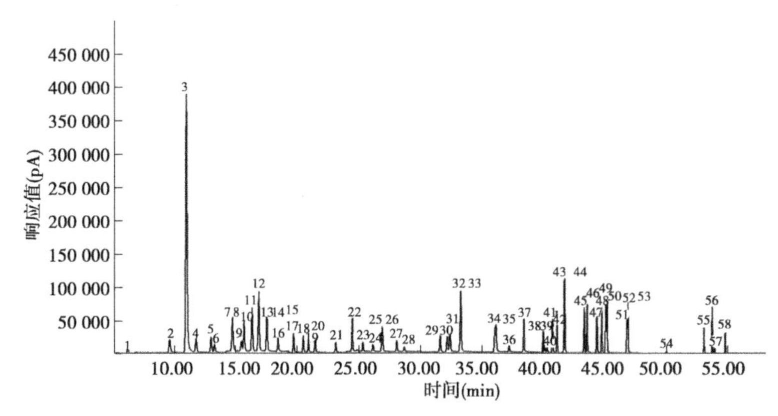

1—氯乙烯;2—1,1-二氯乙烯;3—二氯甲烷;4—反式-1,2-二氯乙烯;5—1,1-二氯乙烷;6—氯丁二烯;7—顺式-1,2-二氯乙烯;8—2,2-二氯丙烷;9—溴氯甲烷;10—氯仿;11—1,1,1-三氯乙烷;12—1,1-二氯丙烯;13—四氯化碳;14—1,2-二氯乙烷;15—苯;16—氟苯;17—三氯乙烯;18—1,2-二氯丙烷;19—二溴甲烷;20——溴二氯甲烷;21—顺-1,3-二氯丙烯;22—甲苯;23—反-1,3-二氯丙烯;24—1,1,2-三氯乙烷;25—四氯乙烯;26—1,3-二氯丙烷;27—二溴一氯甲烷;28—1,2-二溴乙烷;29—氯苯;30—1,1,1,2-四氯乙烷;31—乙苯;32/33—对/间二甲苯;34—邻二甲苯;35—苯乙烯;36—三溴甲烷;37—异丙苯;38—1,1,2,2-四氯乙烷;39—溴苯;40—1,2,3-三氯丙烷;41—正丙苯;42—2-氯甲苯;43—1,3,5-三甲基苯;44—4-氯甲苯;45—叔丁基苯;46—1,2,4-三甲基苯;47—仲丁基苯;48—1,3-二氯苯;49—4-异丙基甲苯;50—1,4-二氯苯;51—正丁基苯;52—1,2-二氯苯-d4(替代内标);53—1,2-二氯苯;54—1,2-二溴-3-氯丙烷;55—1,2,4-三氯苯;56—六氯丁二烯;57—萘;58—1,2,3-三氯苯

图 4-5　挥发性有机污染物混合标准物质Ⅰ中化合物共存验证谱图

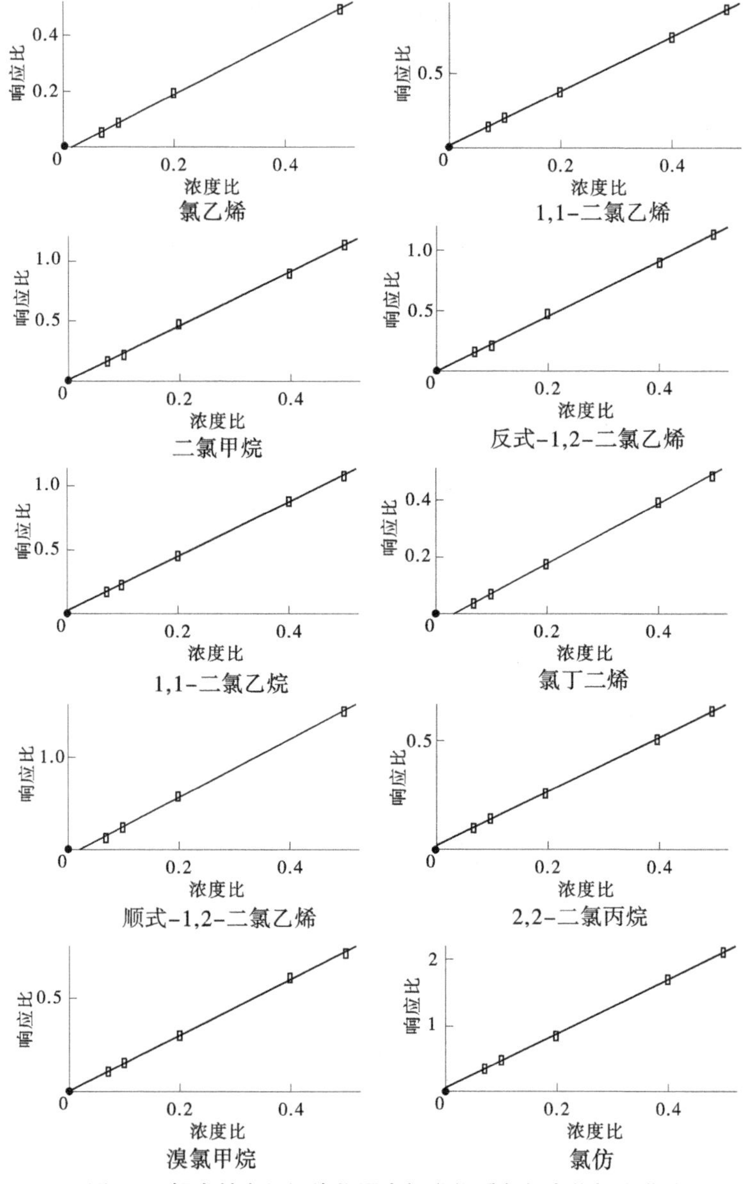

图 4-6　挥发性有机污染物混合标准物质各化合物标准曲线

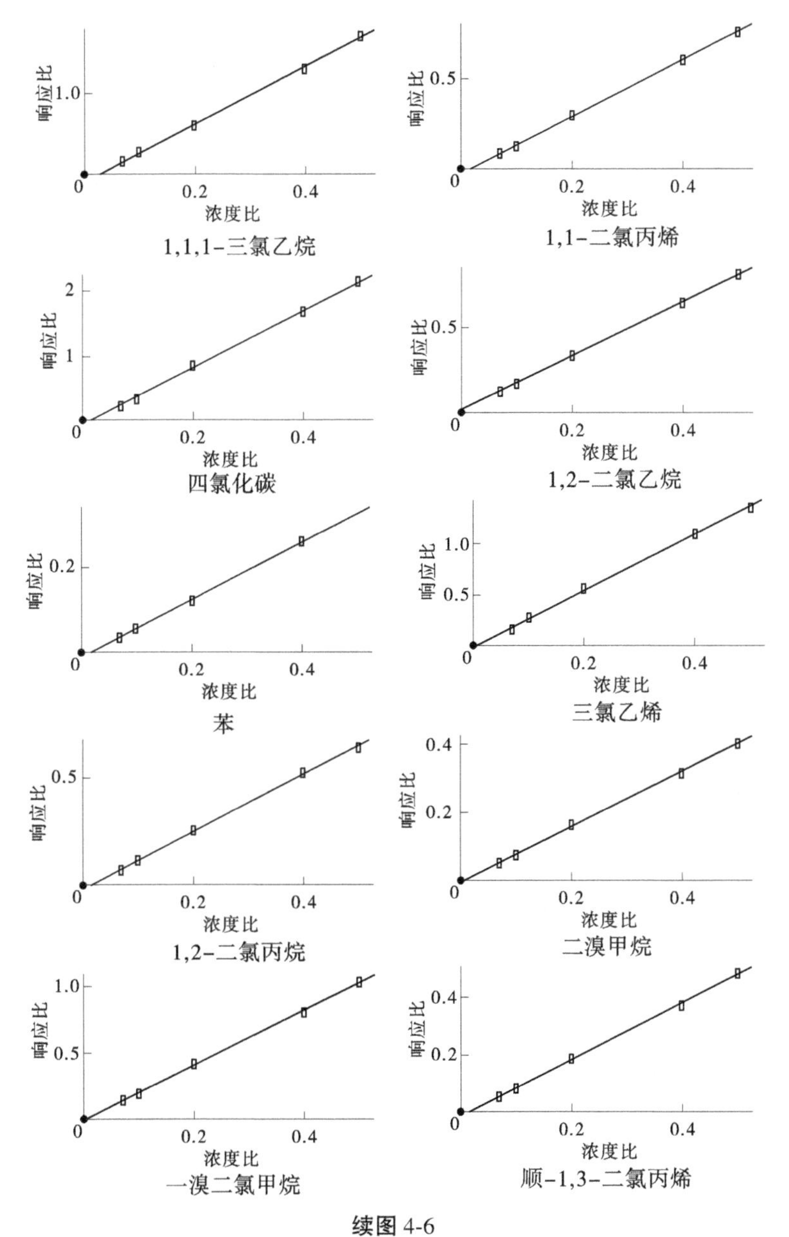
响应比
浓度比
0
0.2
0.4
1.0
0.5
2
1
0.4
1,1,1-三氯乙烷
1,1-二氯丙烯
四氯化碳
1,2-二氯乙烷
苯
三氯乙烯
1,2-二氯丙烷
二溴甲烷
一溴二氯甲烷
顺-1,3-二氯丙烯

续图 4-6

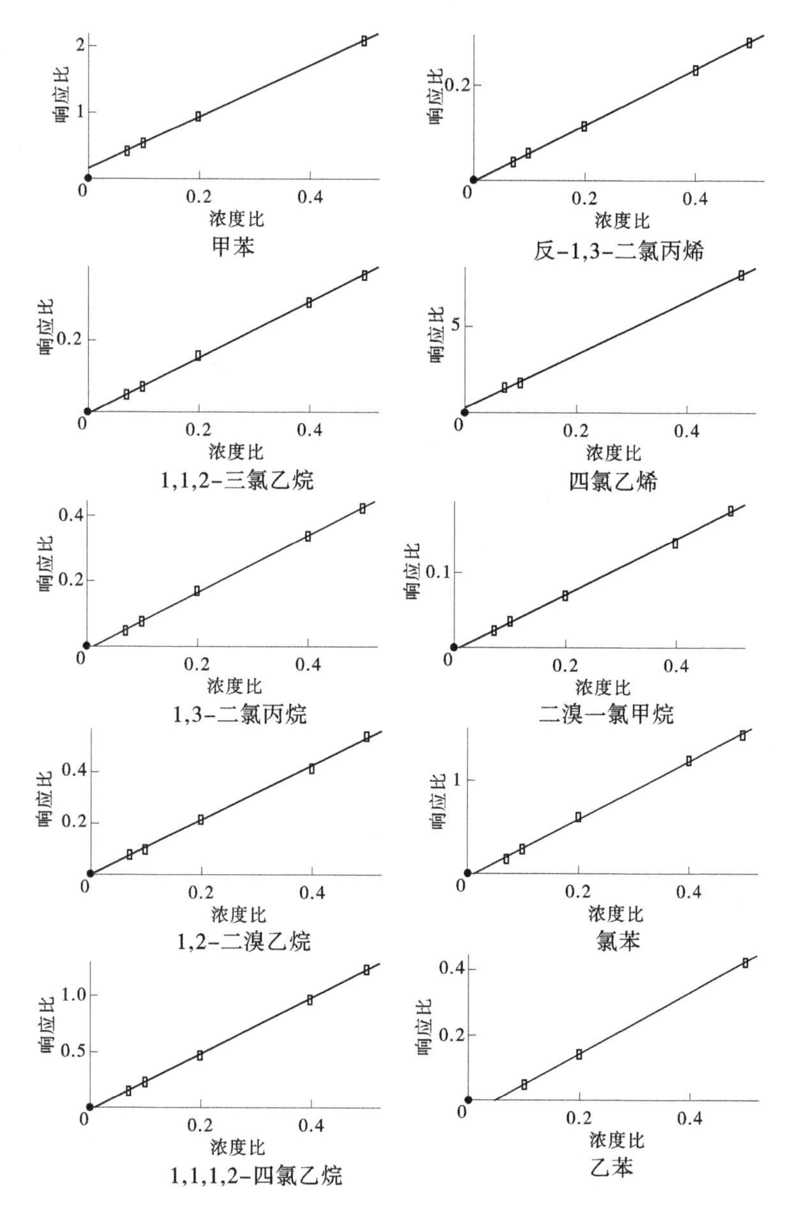
响应比
浓度比
0
0.2
0.4
甲苯
反-1,3-二氯丙烯
1,1,2-三氯乙烷
四氯乙烯
1,3-二氯丙烷
二溴一氯甲烷
1,2-二溴乙烷
氯苯
1,1,1,2-四氯乙烷
乙苯

续图 4-6

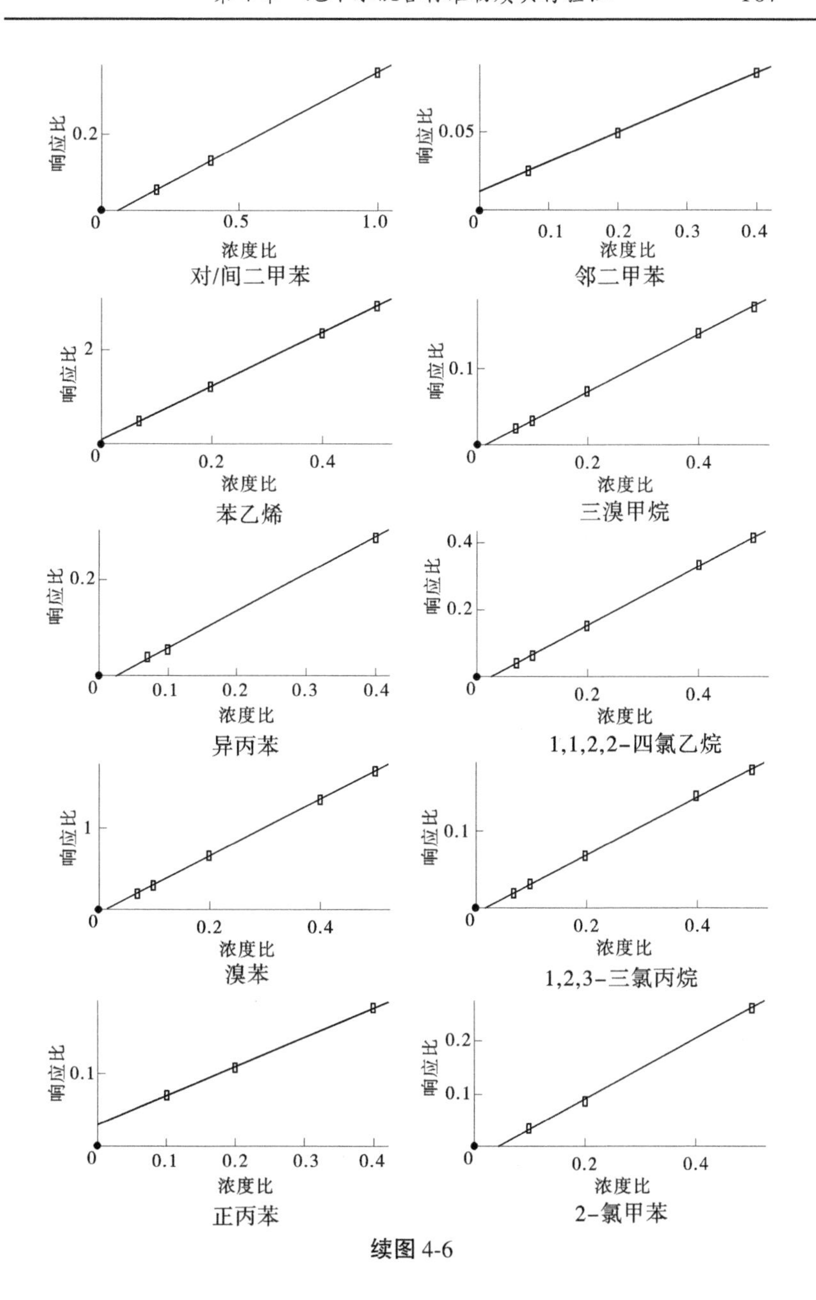
响应比
浓度比
0
0.2
0.5
1.0
对/间二甲苯
0.05
0.1
0.2
0.3
0.4
邻二甲苯
2
苯乙烯
0.1
三溴甲烷
异丙苯
1,1,2,2-四氯乙烷
1
溴苯
1,2,3-三氯丙烷
正丙苯
2-氯甲苯

续图 4-6

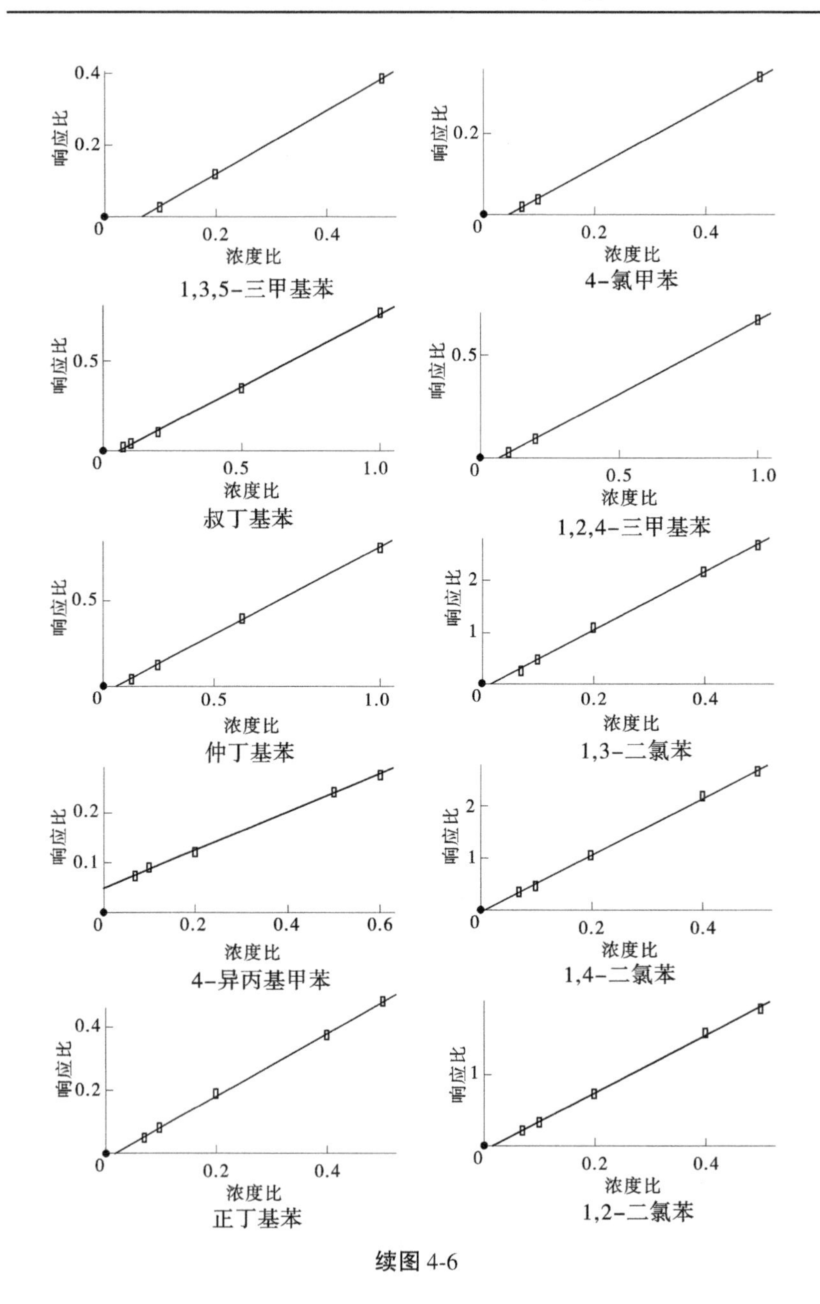
响应比
浓度比
1,3,5-三甲基苯
4-氯甲苯
叔丁基苯
1,2,4-三甲基苯
仲丁基苯
1,3-二氯苯
4-异丙基甲苯
1,4-二氯苯
正丁基苯
1,2-二氯苯

续图 4-6

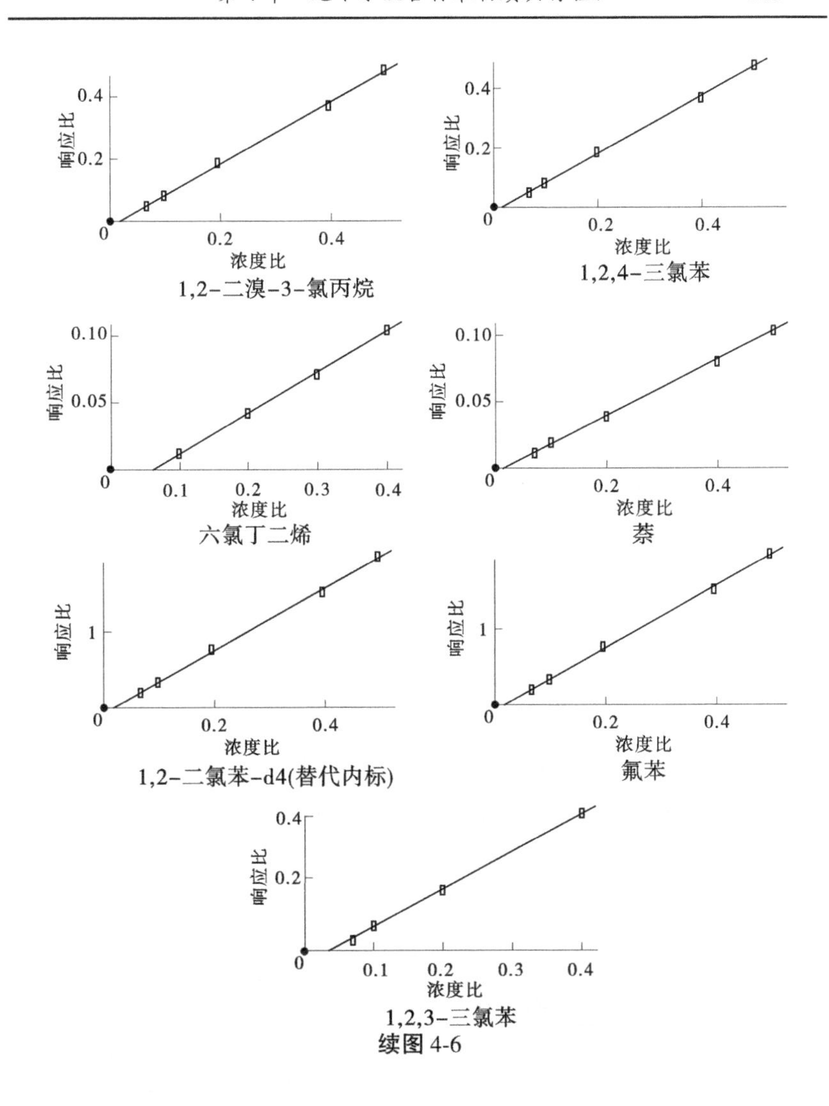

续图 4-6

第 4 节　半挥发性有机污染物混合标准物质验证

《地下水环境质量标准》(GB/T 14848—2017)中涉及半挥发性有机污染物指标共计 27 项,根据 2. 2 中各指标检测所需检测设备的不同,对其进行分类。项目组分别使用气相色谱-氮磷检测器、气相色谱-质谱仪及液相色谱-质谱仪等仪器进行混合标准物质验证。

4.4.1 半挥发性有机物混合标准物质Ⅰ

气相色谱-氮磷检测法是利用气相色谱对经前处理后的水体样品中含氮磷元素的化合物进行分离,最终使用氮磷检测器连续检测流出物电导变化的一种检测方法,是分析水中氮磷有机污染物的一种常用方法。因此,项目组选取气相色谱-氮磷检测器对混合半挥发性有机污染物(有机磷类化合物)共存进行验证。

(1)涉及指标(5项)。

敌敌畏、马拉硫磷、乐果、毒死蜱、甲基对硫磷。

(2)配置方案。

①原材料:上述各化合物标准物质纯品。

②配置原理:准确称取一定量的上述原材料,农残级甲醇定容,最终计算并检测确定配置溶液中的各指标具体含量。

(3)验证方法。

利用气相色谱-氮磷检测器(仪器条件见表4-2)对半挥发性有机污染物混合标准物质中的共计8项有机磷农药类化合物共存及检测进行验证,验证结果证明上述5项化合物可共存且定量分析时互不干扰。

表4-2 气相色谱-氮磷检测器仪器条件

序号	部件名称	条件设置
1	色谱柱	DB-1701 60 m×0.25 mm×0.25 μm
2	进样口	温度:220 ℃,不分流进样,柱流速:1.5 mL/min
3	柱温箱	初温60 ℃,保持3 min,然后以10 ℃/min程序升温至180 ℃,再以4 ℃/min程序升温至220 ℃保持1 min,最后以15 ℃/min程序升温至270 ℃,保持5 min
4	离子源	温度:280 ℃,界面传输温度:280 ℃
5	检测器	温度:300 ℃;电压:0.80 ~1.10 V,调节输出信号宜为20 pA

半挥发性有机物混合标准物质Ⅰ色谱如图 4-7 所示，半挥发性有机物混合标准物质Ⅰ中各化合物标准曲线如图 4-8 所示。

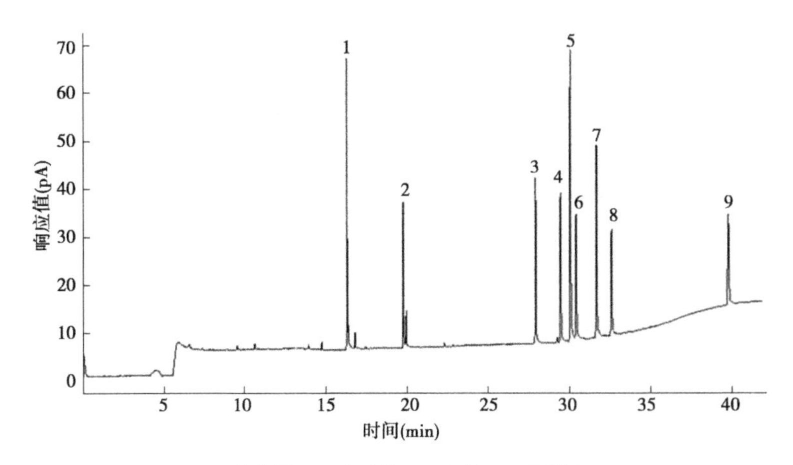

1—敌敌畏；2—速灭磷；3—乐果；4—毒死蜱；
5—甲基对硫磷；6—马拉硫磷；7—对硫磷；8—稻丰散；9—磷酸三苯酯

图 4-7　半挥发性有机物混合标准物质Ⅰ色谱

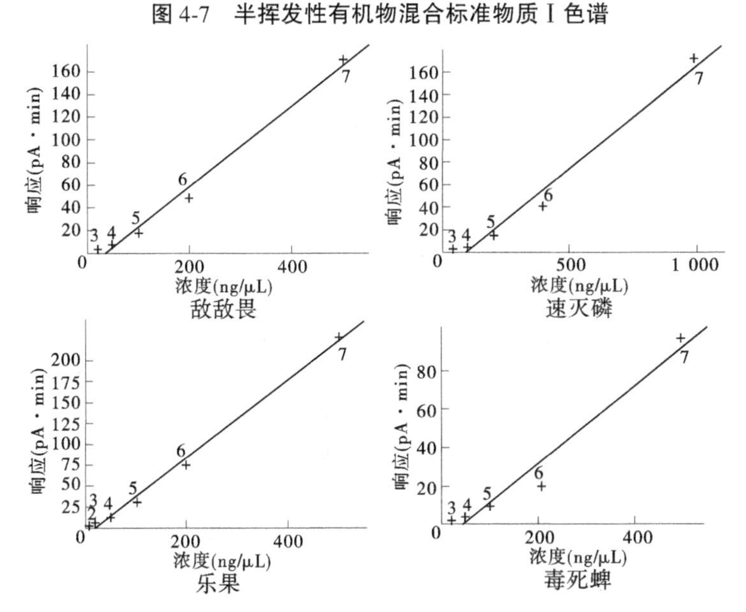

图 4-8　半挥发性有机物混合标准物质Ⅰ中各化合物标准曲线

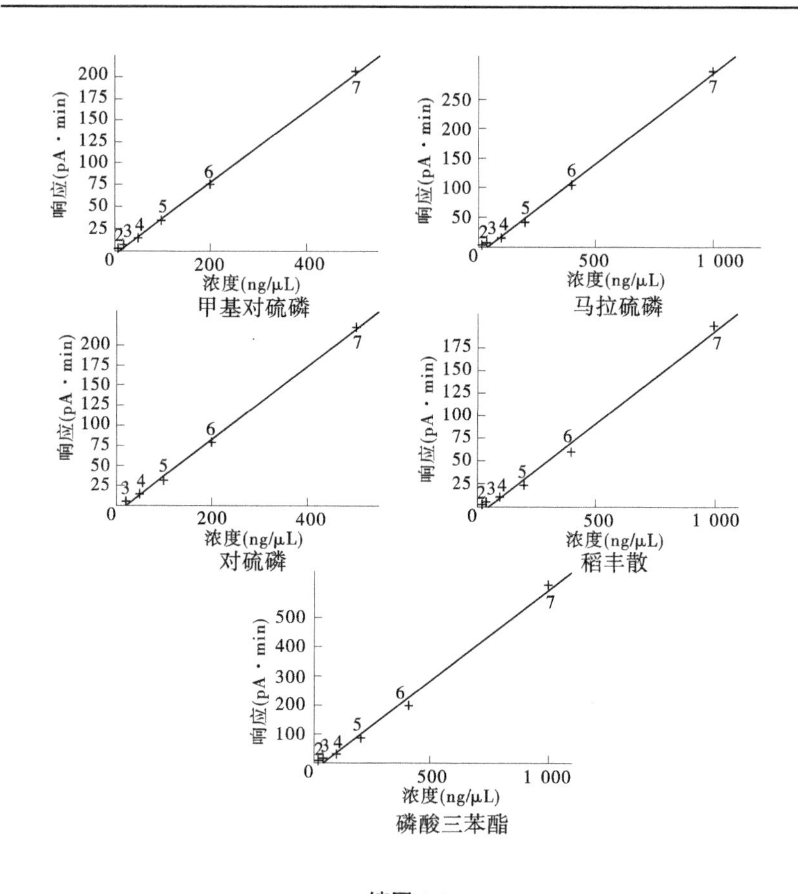

续图 4-8

4.4.2 半挥发性有机物混合标准物质Ⅱ

气相色谱-质谱法是利用气相色谱对经前处理后的水体样品中半挥发性有机化合物进行分离,最终使用质谱检测器连续检测流出物电导变化的一种检测方法,是分析水中半挥发性有机污染物的一种常用方法。因此,项目组选取气相色谱-质谱仪对混合半挥发性有机污染物共存进行验证。

(1)涉及指标(16 项)。

2,4-二硝基甲苯、2,6-二硝基甲苯、萘、蒽、荧蒽、苯并(b)荧蒽、苯并(a)芘、多氯联苯(总量)、邻苯二甲酸二(2-乙基己基)酯、六六六(总量)、γ-六六六(林丹)、滴滴涕(总量)、六氯苯、七氯、百菌清、莠去津(阿特拉津)。

(2)配置方案。

①原材料:上述各化合物标准物质纯品。

②配置原理:准确称取一定量的上述原材料,农残级甲醇定容,最终计算并检测确定配置溶液中的各指标具体含量。

(3)验证方法。

利用气相色谱-质谱检测器(仪器条件见表 4-3)对半挥发性有机污染物混合标准物质中的共计 16 项半挥发性有机化合物共存及定量检测进行验证,验证结果证明各化合物间可共存且定量分析时互不干扰。

表 4-3　气相色谱-质谱检测器仪器条件

序号	部件名称	条件设置
1	色谱柱	DB-5MS 30 m×0.25 mm×0.25 μm
2	进样口	温度:280 ℃,不分流进样,柱流速:1.0 mL/min
3	柱温箱	50 ℃保留 1 min,以 8 ℃/min 的速率升至 160 ℃保留 2 min,然后以 5 ℃/min 的速率从 160 ℃升至 210 ℃保留 2 min,再以 5 ℃/min 的速率从 210 ℃升至 280 ℃保留 10 min,最后以 15 ℃/min 的速率从 280 ℃升至 285 ℃
4	离子源	温度:280 ℃,界面传输温度:280 ℃,溶剂延迟:5 min

半挥发性有机物混合标准物质Ⅱ色谱如图 4-9 所示,半挥发性有机物混合标准物质Ⅱ中各化合物标准曲线如图 4-10 所示。

4.4.3　半挥发性有机物混合标准物质Ⅲ

根据《水质　酚类化合物的测定　气相色谱-质谱法》(HJ 744—2015)中对酚类化合物的检测规定,使用固相萃取提取水样中酚类化合物后经五氟苄基溴衍生化使用气相色谱-质谱分离检测。因此,项

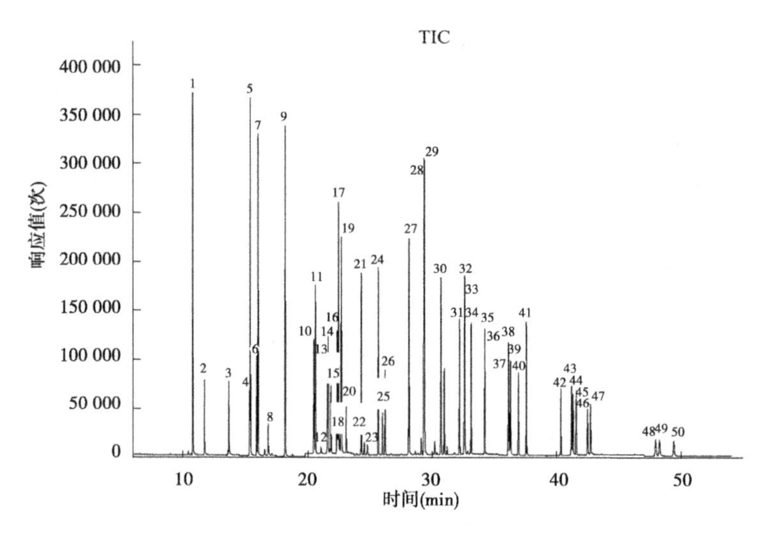

1—萘;2—敌敌畏;3—2,4,6-三氯酚;4—2,6-二硝基甲苯;5—苊烯;6—苊-d10(替代内标);7—苊;8—2,4-二硝基甲苯;9—芴;10—a-BHC;11—六氯苯;12—乐果;13—b-BHC;14—阿特拉津;15—g-BHC;16—菲-d10(替代内标);17—菲;18—百菌清;19—蒽;20—d-BHC;21—PCB28;22—甲基对硫磷;23—七氯;24—PCB52;25—马拉硫磷;26—毒死蜱;27—荧蒽;28—PCB101;29—芘;30—p,p'-DDE;31—PCB118;32—p,p'-DDD;33—p,p'-DDT;34—PCB138;35—o,p'-DDD;36—PCB153;37—苯并(a)蒽;38—䓛-d12(替代内标);39—䓛;40—PCB180;41—邻苯二甲酸二(2-乙基己基)酯;42—PCB194;43—苯并(a)芘;44—苯并(b)荧蒽;45—PCB206;46—苯并(k)荧蒽;47—苝-D12(替代内标);48—苯并(ghi)苝;49—二苯并(a,h)蒽;50—茚并(1,2,3-cd)芘

图 4-9　半挥发性有机物混合标准物质Ⅱ色谱

目组选取气相色谱-质谱仪对酚类有机污染物共存进行验证。

(1)涉及指标(2 项)。

2,4,6-三氯酚,五氯酚。

(2)配置方案。

①原材料:2,4,6-三氯酚、五氯酚的标准物质纯品。

②配置原理:准确称取一定量的上述原材料,农残级丙酮定容,最终计算并检测确定配置溶液中的各指标具体含量。

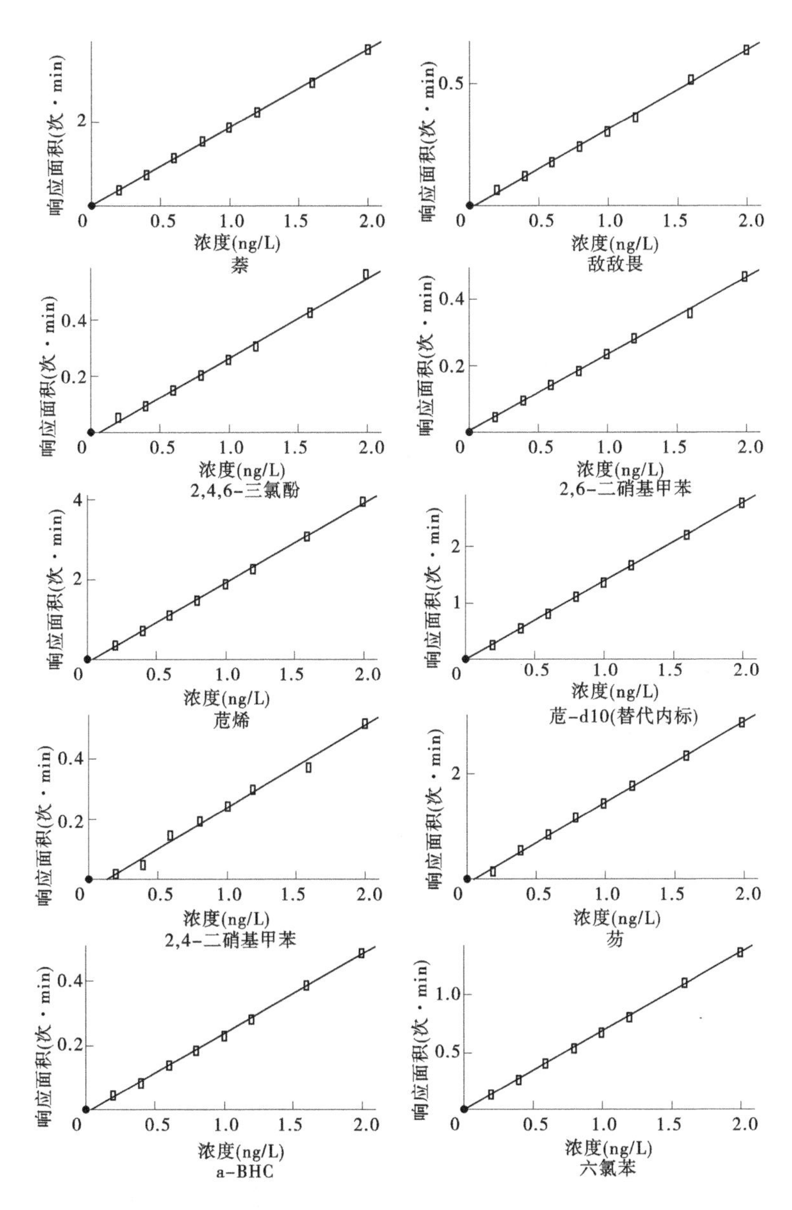

图 4-10　半挥发性有机物混合标准物质Ⅱ中各化合物标准曲线

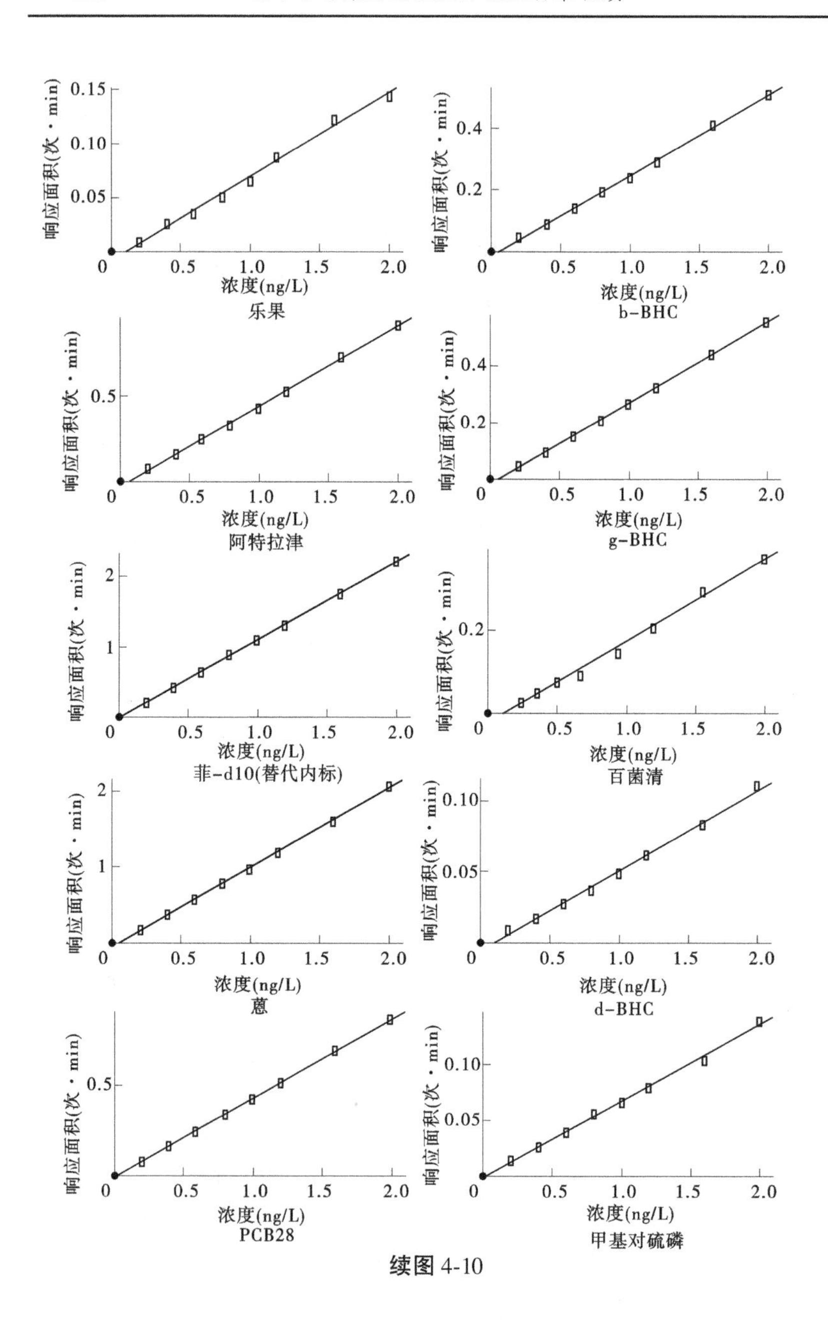
响应面积(次·min)
浓度(ng/L)
乐果
b-BHC
阿特拉津
g-BHC
菲-d10(替代内标)
百菌清
蒽
d-BHC
PCB28
甲基对硫磷

续图 4-10

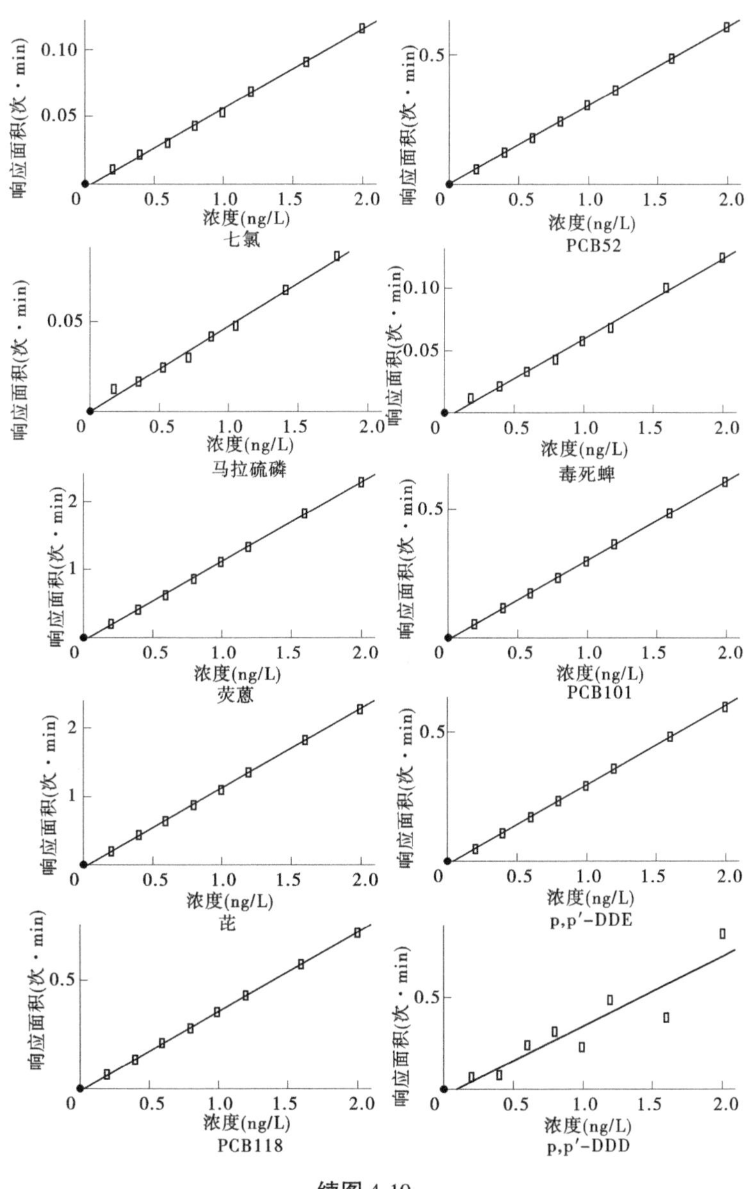

响应面积(次 · min)
浓度(ng/L)
七氯
PCB52
马拉硫磷
毒死蜱
荧蒽
PCB101
芘
p,p′-DDE
PCB118
p,p′-DDD

续图 4-10

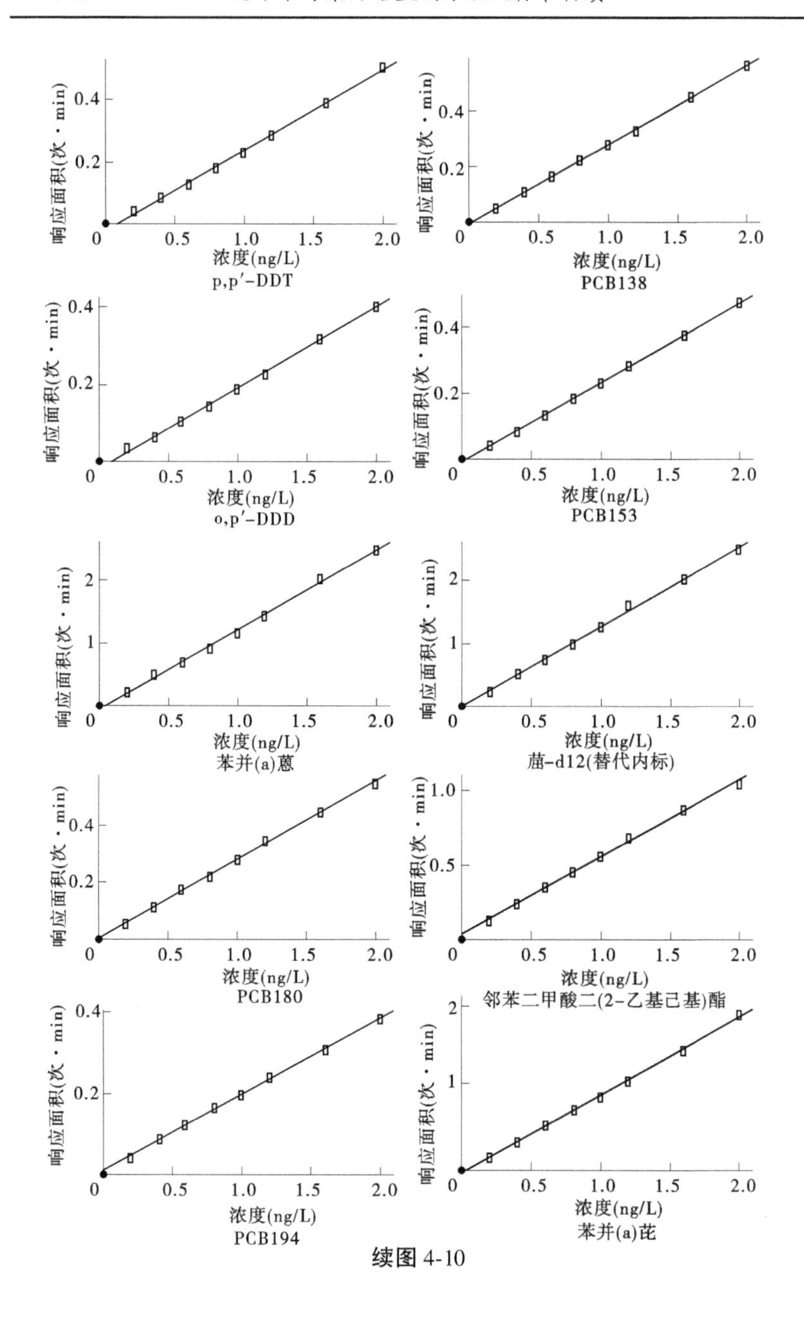
响应面积(次·min)
浓度(ng/L)
p,p′-DDT
PCB138
o,p′-DDD
PCB153
苯并(a)蒽
䓛-d12(替代内标)
PCB180
邻苯二甲酸二(2-乙基己基)酯
PCB194
苯并(a)芘

续图 4-10

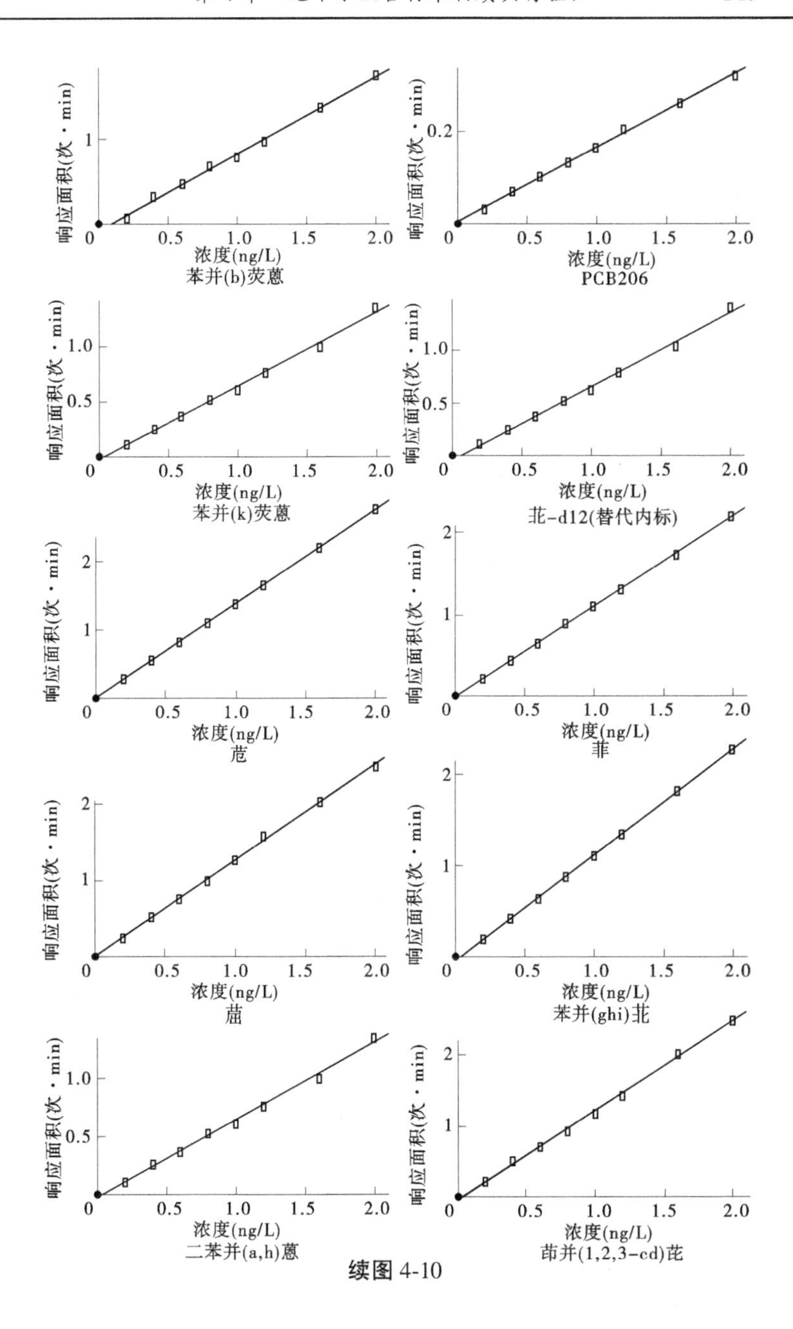

响应面积(次 · min)
浓度(ng/L)
苯并(b)荧蒽
PCB206
苯并(k)荧蒽
苝-d12(替代内标)
芘
菲
䓛
苯并(ghi)苝
二苯并(a,h)蒽
茚并(1,2,3-cd)芘

续图 4-10

(3)验证方法。

检测方法主要依据《水质-酚类化合物的测定　气相色谱-质谱法》(HJ 744—2015),利用气相色谱-质谱检测器对2,4,6-三氯酚、五氯酚两项指标与其他酚类化合物共存及定量检测进行验证,验证结果证明各化合物间可共存且定量分析时互不干扰。

半挥发性有机物混合标准物质Ⅲ色谱如图4-11所示,半挥发性有机物混合标准物质Ⅲ中各化合物标准曲线如图4-12所示。

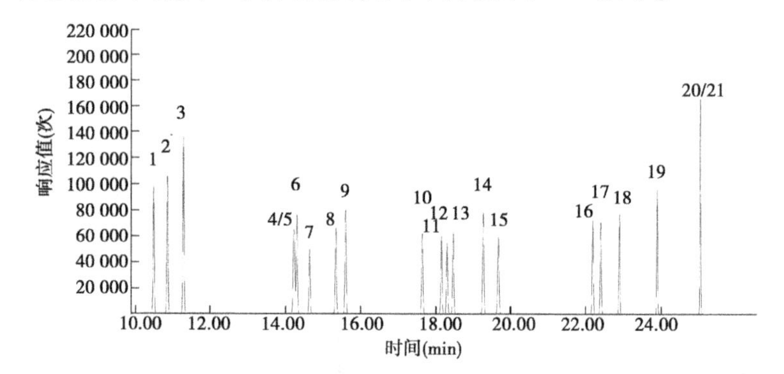

1—2-氯酚;2—3-氯酚;3—4-氯酚;4—2,5-二氯酚;5—2,6-二氯酚;6—3,5-二氯酚;7—2,4-二氯酚;8—2,3-二氯酚;9—3,4-二氯酚;10—2,4,6-三氯酚;11—2,3,5-三氯酚;12—2,4,5-三氯酚;13—2,3,6-三氯酚;14—3,4,5-三氯酚;15—2,3,4-三氯酚;16—2,3,5,6-四氯酚;17—2,3,4,6-四氯酚;18—2,3,4,5-四氯酚;19—2,4,6-三溴苯酚;20—五氯酚-$^{13}C_6$(替代内标);21—五氯酚

图4-11　半挥发性有机物混合标准物质Ⅲ色谱

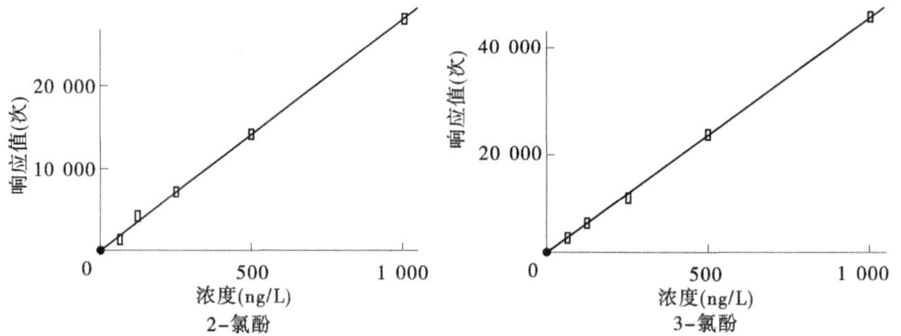

图4-12　半挥发性有机物混合标准物质Ⅲ中各化合物标准曲线

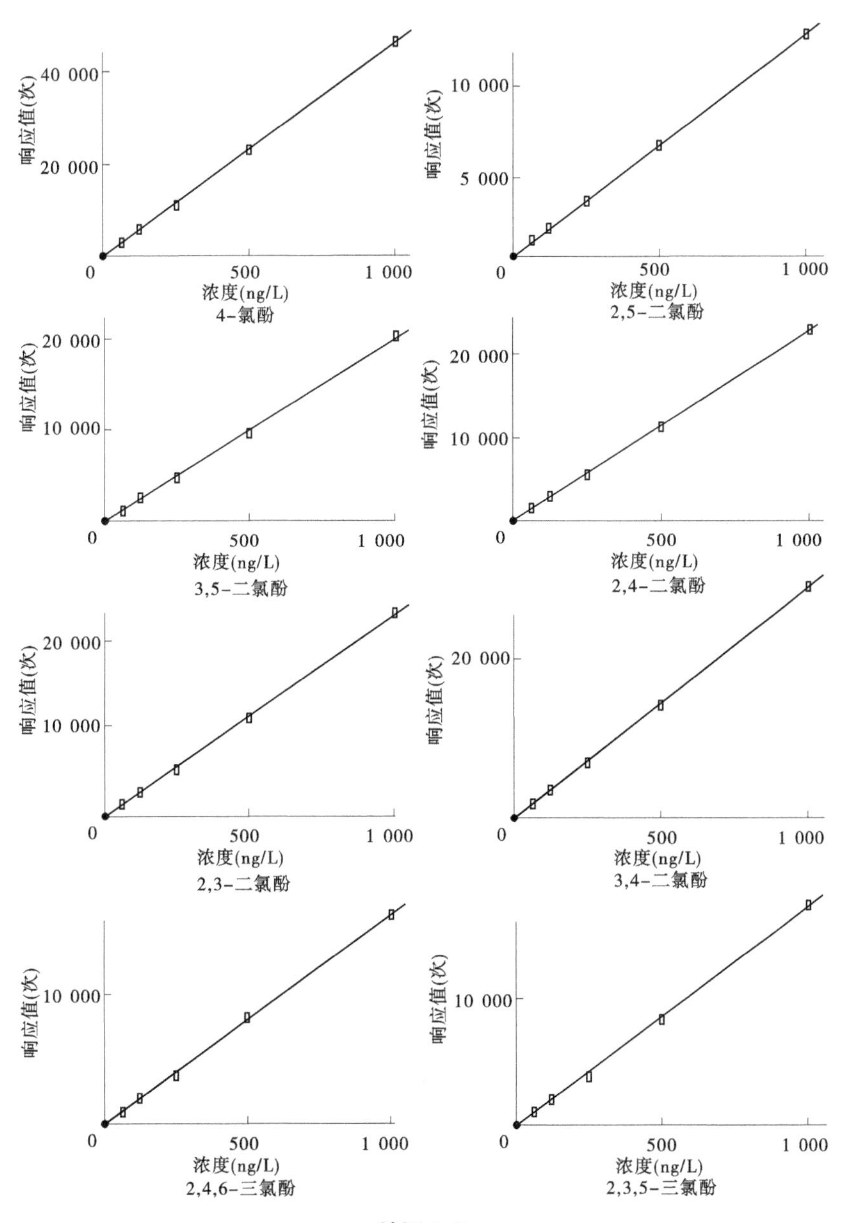
响应值(次)
40 000
20 000
0
500
1 000
浓度(ng/L)
4-氯酚
响应值(次)
10 000
5 000
0
500
1 000
浓度(ng/L)
2,5-二氯酚
响应值(次)
20 000
10 000
0
500
1 000
浓度(ng/L)
3,5-二氯酚
响应值(次)
20 000
10 000
0
500
1 000
浓度(ng/L)
2,4-二氯酚
响应值(次)
20 000
10 000
0
500
1 000
浓度(ng/L)
2,3-二氯酚
响应值(次)
20 000
0
500
1 000
浓度(ng/L)
3,4-二氯酚
响应值(次)
10 000
0
500
1 000
浓度(ng/L)
2,4,6-三氯酚
响应值(次)
10 000
0
500
1 000
浓度(ng/L)
2,3,5-三氯酚

续图 4-12

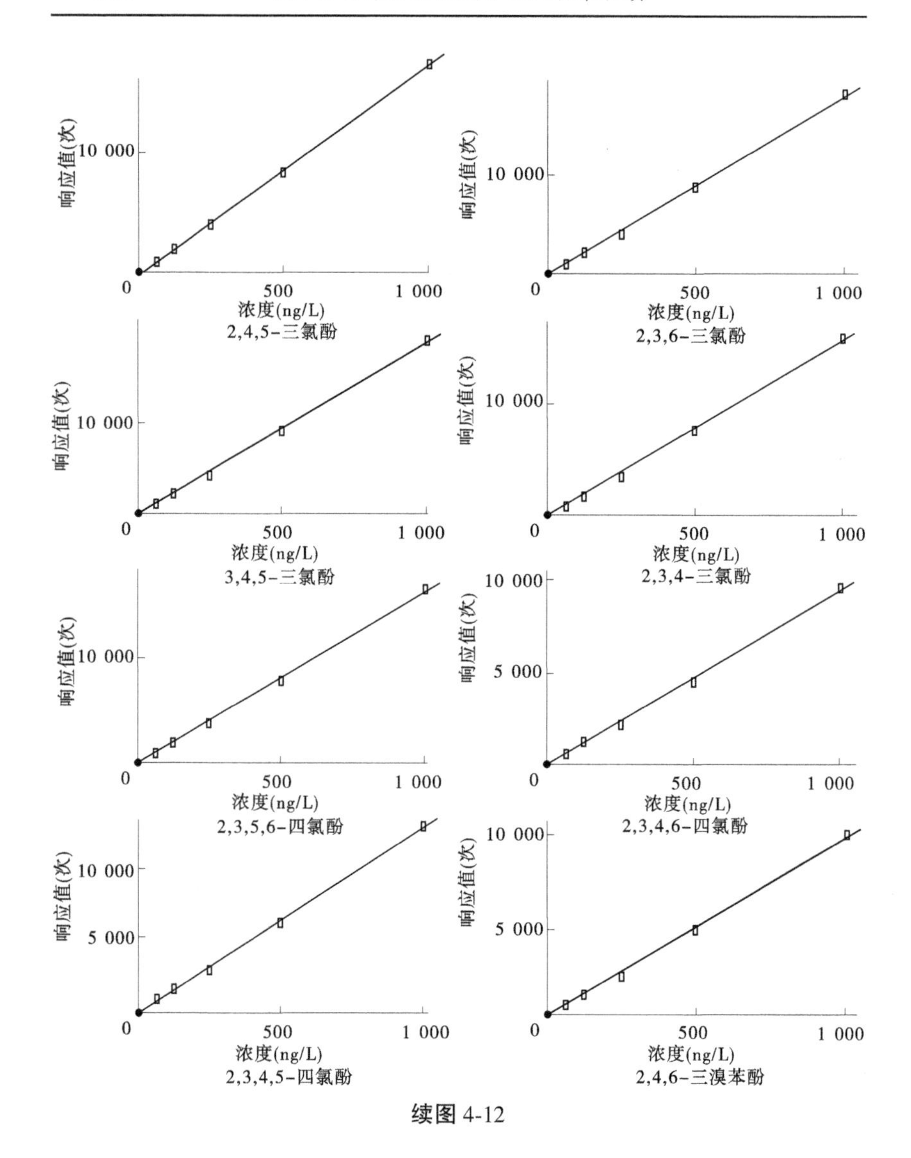

响应值(次)
10 000
0
500
1 000
浓度(ng/L)
2,4,5-三氯酚
响应值(次)
10 000
0
500
1 000
浓度(ng/L)
2,3,6-三氯酚
响应值(次)
10 000
0
500
1 000
浓度(ng/L)
3,4,5-三氯酚
响应值(次)
10 000
0
500
1 000
浓度(ng/L)
2,3,4-三氯酚
响应值(次)
10 000
0
500
1 000
浓度(ng/L)
2,3,5,6-四氯酚
响应值(次)
10 000
5 000
0
500
1 000
浓度(ng/L)
2,3,4,6-四氯酚
响应值(次)
10 000
5 000
0
500
1 000
浓度(ng/L)
2,3,4,5-四氯酚
响应值(次)
10 000
5 000
0
500
1 000
浓度(ng/L)
2,4,6-三溴苯酚

续图 4-12

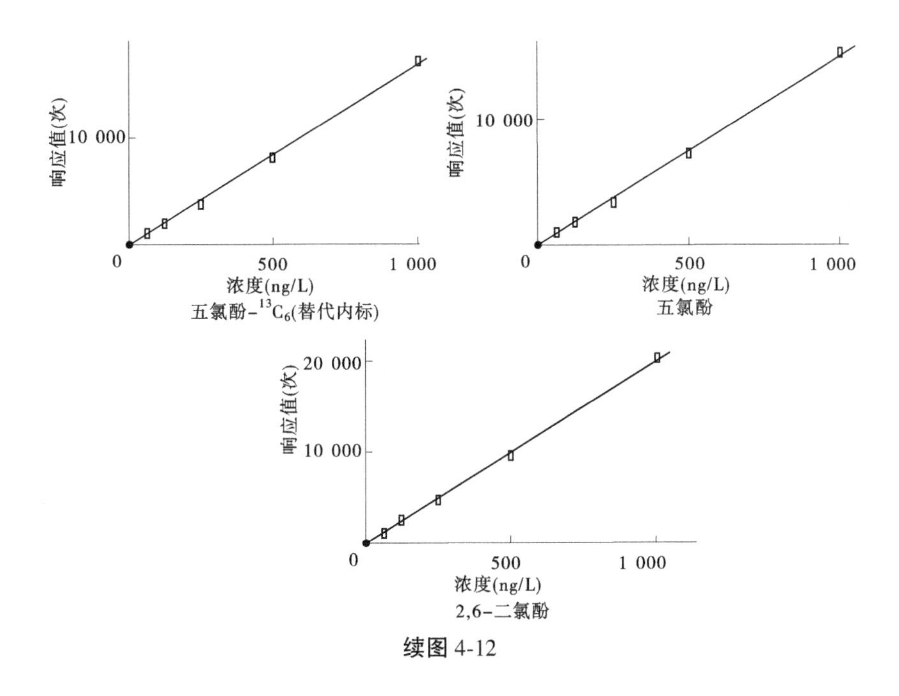

续图 4-12

4.4.4　半挥发性有机物混合标准物质Ⅳ

根据《Analysis of Aldicarb, Bromadiolone, Carbofuran, Oxamyl and Methomyl in Water by Multiple Reaction Monitoring Liquid Chromatography/Tandem Mass Spectrometry (LC/MS/MS)》(EPA CRLMS 014)中对克百威和涕灭威的检测规定,使用固相萃取提取水样中酚类化合物后经液相色谱-质谱仪分离检测。因此,项目组选取液相色谱-质谱仪对克百威、涕灭威等有机污染物共存进行验证。

(1)涉及指标(2 项)。

克百威、涕灭威。

(2)配置方案。

①原材料:克百威、涕灭威的标准物质纯品。

②配置原理:准确称取一定量的上述原材料,农残级甲醇定容,最终计算并检测确定配置溶液中的各指标具体含量。

(3)验证方法。

《Analysis of Aldicarb, Bromadiolone, Carbofuran, Oxamyl and Methomyl in Water by Multiple Reaction Monitoring Liquid Chromatography / Tandem Mass Spectrometry (LC/MS/MS)》(EPA CRLMS 014),利用液相色谱-三重四级杆质谱检测器(仪器条件见表 4-4)对克百威、涕灭威两项指标共存及定量检测进行验证,验证结果证明各化合物间可共存且定量分析时互不干扰。

表 4-4　液相色谱-质谱检测器仪器条件

序号	部件名称	条件设置
1	色谱柱	C18 色谱柱(2. 1 mm×100 mm,1. 7 μm,美国 Agilent 公司)
2	流动相	A:乙腈,B:0. 1%甲酸溶液
3	梯度洗脱程序	0~0. 8 min,10%~40% A;0. 8~2. 8 min,40%~60% A;2. 8~3. 8 min, 60% ~ 80% A; 3. 8 ~ 4. 7 min, 80% ~ 90% A; 4. 7~5. 7 min,90% A;5. 7~6. 0 min,90%~10% A;6. 0~7. 0 min,10% A;柱温 35 ℃,流速 0. 3 mL/min,进样体积为 5. 0 μL
4	质谱	电喷雾离子源 ESI+,多反应监测(MRM)模式,脱溶剂气温度 400 ℃,脱溶剂气流速 12 L/min,毛细管电压 3 500 V

半挥发性有机物混合标准物质Ⅳ色谱如图 4-13 所示,半挥发性有机物混合标准物质Ⅳ各化合物标准曲线如图 4-14 所示。

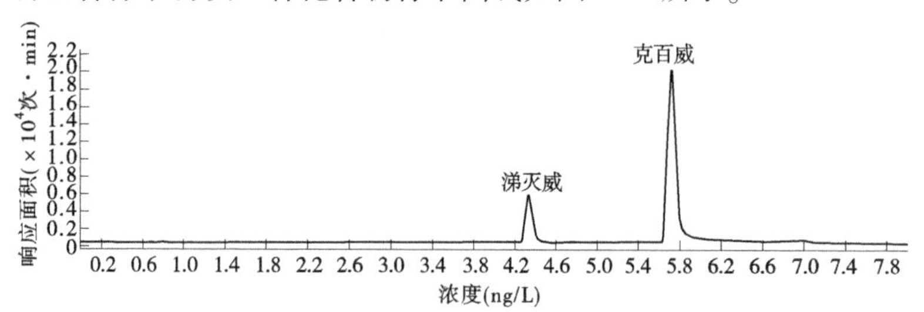

图 4-13　半挥发性有机物混合标准物质Ⅳ色谱

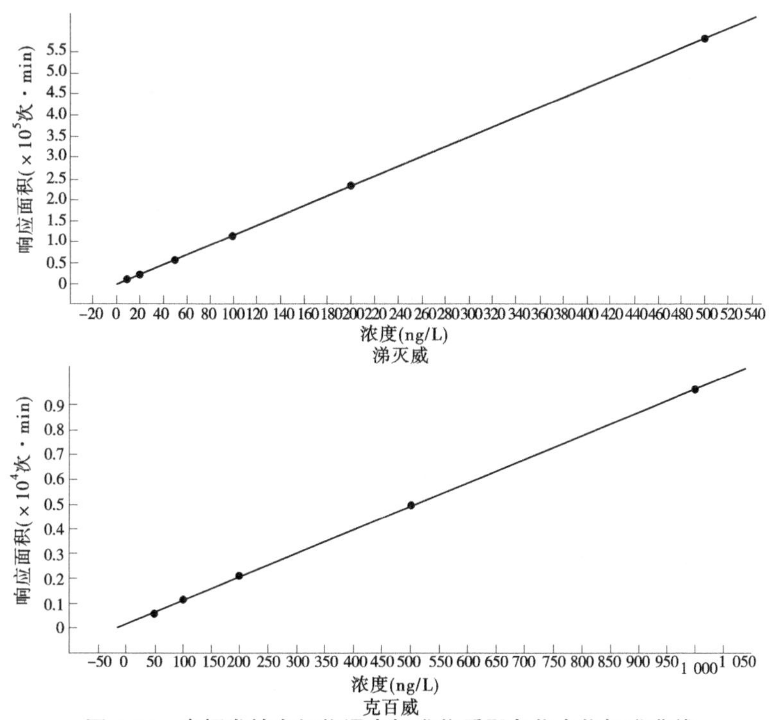

图 4-14　半挥发性有机物混合标准物质Ⅳ各化合物标准曲线

4.4.5　半挥发性有机物单指标标准物质

根据各指标所涉及的标准检测方法规定,同时考虑各检测仪器设备原理,确定单项配置标准物质清单如下。

(1)涉及指标(2 项)。

草甘膦、2,4-滴。

(2)配置方案。

①原材料:草甘膦及 2,4-滴标准品。

②配置原理:准确称取一定量的上述原材料,分别使用纯水和有机溶剂进行溶解,最终确定配置溶液中的各指标具体含量。

第 5 章 地下水检测用混合标准物质方案

项目组根据《地下水环境质量标准》(GB/T 14848—2017)中各指标分类,根据各检测单位任务需求,针对 20 项、39 项、93 项不同的地下水水质监测指标提出混合标准物质配制方案。

第 1 节 感官性状指标及一般化学指标配置方案

根据《地下水环境质量标准》(GB/T 14848—2017)中的 20 项感官性状及一般化学指标,结合上述混合标准物质验证研究结果,提出 2 类混合标准物质和 8 类单组分标准物质配制方案:

(1)混合标准物质①:包含 pH、总硬度、硫酸盐、氯化物和钠共计 5 项指标。

(2)混合标准物质②:包含铁、锰、铜、锌和铝共计 5 项指标。

(3)单组分标准物质:包含色、浑浊度、溶解性总固体、挥发性酚类、阴离子表面活性剂、耗氧量、氨氮和硫化物共计 8 项指标。

(4)无需标准物质:包含嗅和味、肉眼可见物共计 2 项指标。

感官性状指标及一般化学指标配置方案一览表如表 5-1 所示。

表 5-1 感官性状指标及一般化学指标配置方案一览表

序号	感官性状及一般化学指标	标准物质配制方案
1	色	单组分标准物质
2	嗅和味	无需标准物质
3	浑浊度	单组分标准物质
4	肉眼可见物	无需标准物质

续表 5-1

序号	感官性状及一般化学指标	标准物质配制方案
5	pH	混合标准物质①
6	总硬度	混合标准物质①
7	溶解性总固体	单组分标准物质
8	硫酸盐	混合标准物质①
9	氯化物	混合标准物质①
10	铁	混合标准物质②
11	锰	混合标准物质②
12	铜	混合标准物质②
13	锌	混合标准物质②
14	铝	混合标准物质②
15	挥发性酚类	单组分标准物质
16	阴离子表面活性剂	单组分标准物质
17	耗氧量	单组分标准物质
18	氨氮	单组分标准物质
19	硫化物	单组分标准物质
20	钠	混合标准物质①

第 2 节　常规指标配置方案

根据《地下水环境质量标准》(GB/T 14848—2017)中的 39 项地下水质量常规指标(具体包括 20 项感官性状及一般化学指标、2 项微生物指标、15 项毒理学指标和 2 项放射性指标),结合上述混合标准物质验证研究结果,提出 3 类混合标准物质和 13 类单组分标准物质配制方案。

(1)混合标准物质③:包含pH、总硬度、硫酸盐、氯化物、钠、硝酸盐和氟化物共计7项指标,即混合标准物质①+硝酸盐和氟化物。

(2)混合标准物质④:包含铁、锰、铜、锌、铝、砷、硒、镉和铅共计9项指标,即混合标准物质②+砷、硒、镉和铅。

(3)混合标准物质⑤:包含三氯甲烷、四氯化碳、苯和甲苯共计4项指标。

(4)单组分标准物质:包含色、浑浊度、溶解性总固体、挥发性酚类、阴离子表面活性剂、耗氧量、氨氮、硫化物、亚硝酸盐、氰化物、碘化物、汞和铬(六价)共计13项指标。

(5)无需标准物质:包含嗅和味、肉眼可见物、总大肠菌群、菌落总数、总α放射性和总β放射性共计6项指标。

常规指标配置方案一览表如表5-2所示。

表5-2 常规指标配置方案一览表

序号	感官性状及一般化学指标	标准物质配制方案
1	色(铂钴色度单位)	单组分标准物质
2	嗅和味	无需标准物质
3	浑浊度/NTU	单组分标准物质
4	肉眼可见物	无需标准物质
5	pH	混合标准物质③
6	总硬度	混合标准物质③
7	溶解性总固体	单组分标准物质
8	硫酸盐	混合标准物质③
9	氯化物	混合标准物质③
10	铁	混合标准物质④
11	锰	混合标准物质④
12	铜	混合标准物质④
13	锌	混合标准物质④

续表 5-2

序号	感官性状及一般化学指标	标准物质配制方案
14	铝	混合标准物质④
15	挥发性酚类(以苯酚计)	单组分标准物质
16	阴离子表面活性剂	单组分标准物质
17	耗氧量	单组分标准物质
18	氨氮	单组分标准物质
19	硫化物	单组分标准物质
20	钠	混合标准物质③
序号	微生物指标	标准物质配制方案
21	总大肠菌群	无需标准物质
22	菌落总数	无需标准物质
序号	毒理学指标	标准物质配制方案
23	亚硝酸盐	单组分标准物质
24	硝酸盐	混合标准物质③
25	氰化物	单组分标准物质
26	氟化物	混合标准物质③
27	碘化物	单组分标准物质
28	汞	单组分标准物质
29	砷	混合标准物质④
30	硒	混合标准物质④
31	镉	混合标准物质④
32	铬(六价)	单组分标准物质
33	铅	混合标准物质④
34	三氯甲烷	混合标准物质⑤
35	四氯化碳	混合标准物质⑤

续表 5-2

序号	毒理学指标	标准物质配制方案
36	苯	混合标准物质⑤
37	甲苯	混合标准物质⑤
序号	放射性指标	标准物质配制方案
38	总 α 放射性	无需标准物质
39	总 β 放射性	无需标准物质

第 3 节　全指标配置方案

根据《地下水环境质量标准》(GB/T 14848—2017)中的 93 项地下水质量指标(具体包括 39 项地下水质量常规指标和 54 项地下水质量非常规指标及限值),结合上述混合标准物质验证研究结果,提出 7 类混合标准物质和 16 类单组分标准物质配制方案:

(1)混合标准物质③:包含 pH、总硬度、硫酸盐、氯化物、钠、硝酸盐和氟化物共计 7 项指标。

(2)混合标准物质⑥:包含铁、锰、铜、锌、铝、砷、硒、镉、铅、铍、锑、钡、镍、钴、钼、银和铊共计 17 项指标,即混合标准物质④+铍、锑、钡、镍、钴、钼、银和铊。

(3)混合标准物质⑦:包含三氯甲烷、四氯化碳、苯、甲苯、二氯甲烷、1,2-二氯乙烷、1,1,1-三氯乙烷、1,1,2-三氯乙烷、1,2-二氯丙烷、三溴甲烷、氯乙烯、1,1-二氯乙烯、1,2-二氯乙烯、三氯乙烯、四氯乙烯、氯苯、邻二氯苯、对二氯苯、三氯苯(总量)、乙苯、二甲苯(总量)和苯乙烯共计 22 项指标,即混合标准物质⑤+二氯甲烷、1,2-二氯乙烷、1,1,1-三氯乙烷、1,1,2-三氯乙烷、1,2-二氯丙烷、三溴甲烷、氯乙烯、1,1-二氯乙烯、1,2-二氯乙烯、三氯乙烯、四氯乙烯、氯苯、邻二氯苯、对二氯苯、三氯苯(总量)、乙苯、二甲苯(总量)和苯乙烯共计 22 项指标。

(4)混合标准物质⑧:包含2,4-二硝基甲苯、2,6-二硝基甲苯、萘、蒽、荧蒽、苯并(b)荧蒽、苯并(a)芘、多氯联苯(总量)、邻苯二甲酸二(2-乙基己基)酯、六六六(总量)、γ-六六六(林丹)、滴滴涕(总量)、六氯苯、七氯、百菌清和莠去津共计16项指标。

(5)混合标准物质⑨:包含2,4,6-三氯酚和五氯酚共计2项指标。

(6)混合标准物质⑩:包含克百威和涕灭威共计2项指标。

(7)混合标准物质⑪:包含敌敌畏、甲基对硫磷、马拉硫磷、乐果和毒死蜱共计5项指标。

(8)单组分标准物质:包含色、浑浊度、溶解性总固体、挥发性酚类、阴离子表面活性剂、耗氧量、氨氮、硫化物、亚硝酸盐、氰化物、碘化物、汞、铬(六价)、硼、2,4-滴和草甘膦共计16项指标。

(9)无需标准物质:包含嗅和味、肉眼可见物、总大肠菌群、菌落总数、总α放射性和总β放射性共计6项指标。

全指标配置方案一览表如表5-3所示。

表5-3　全指标配置方案一览表

地下水质量常规指标		
序号	感官性状及一般化学指标	标准物质配制方案
1	色(铂钴色度单位)	单组分标准物质
2	嗅和味	无需标准物质
3	浑浊度/NTU[a]	单组分标准物质
4	肉眼可见物	无需标准物质
5	pH	混合标准物质③
6	总硬度	混合标准物质③
7	溶解性总固体	单组分标准物质
8	硫酸盐	混合标准物质③
9	氯化物	混合标准物质③
10	铁	混合标准物质⑥

续表 5-3

序号	感官性状及一般化学指标	标准物质配制方案
11	锰	混合标准物质⑥
12	铜	混合标准物质⑥
13	锌	混合标准物质⑥
14	铝	混合标准物质⑥
15	挥发性酚类(以苯酚计)	单组分标准物质
16	阴离子表面活性剂	单组分标准物质
17	耗氧量	单组分标准物质
18	氨氮	单组分标准物质
19	硫化物	单组分标准物质
20	钠	混合标准物质③
序号	微生物指标	标准物质配制方案
21	总大肠菌群	无需标准物质
22	菌落总数	无需标准物质
序号	毒理学指标	标准物质配制方案
23	亚硝酸盐	单组分标准物质
24	硝酸盐	混合标准物质③
25	氰化物	单组分标准物质
26	氟化物	混合标准物质③
27	碘化物	单组分标准物质
28	汞	单组分标准物质
29	砷	混合标准物质⑥
30	硒	混合标准物质⑥
31	镉	混合标准物质⑥
32	铬(六价)	单组分标准物质

续表 5-3

序号	毒理学指标	标准物质配制方案
33	铅	混合标准物质⑥
34	三氯甲烷	混合标准物质⑦
35	四氯化碳	混合标准物质⑦
36	苯	混合标准物质⑦
37	甲苯	混合标准物质⑦
序号	放射性指标	标准物质配制方案
38	总 α 放射性	无需标准物质
39	总 β 放射性	无需标准物质
地下水质量非常规指标		
序号	毒理学指标	标准物质配制方案
1	铍	混合标准物质⑥
2	硼	单组分标准物质
3	锑	混合标准物质⑥
4	钡	混合标准物质⑥
5	镍	混合标准物质⑥
6	钴	混合标准物质⑥
7	钼	混合标准物质⑥
8	银	混合标准物质⑥
9	铊	混合标准物质⑥
10	二氯甲烷	混合标准物质⑦
11	1,2-二氯乙烷	混合标准物质⑦
12	1,1,1-三氯乙烷	混合标准物质⑦
13	1,1,2-三氯乙烷	混合标准物质⑦
14	1,2-二氯丙烷	混合标准物质⑦

续表 5-3

序号	毒理学指标	标准物质配制方案
15	三溴甲烷	混合标准物质⑦
16	氯乙烯	混合标准物质⑦
17	1,1-二氯乙烯	混合标准物质⑦
18	1,2-二氯乙烯	混合标准物质⑦
19	三氯乙烯	混合标准物质⑦
20	四氯乙烯	混合标准物质⑦
21	氯苯	混合标准物质⑦
22	邻二氯苯	混合标准物质⑦
23	对二氯苯	混合标准物质⑦
24	三氯苯(总量)[a]	混合标准物质⑦
25	乙苯	混合标准物质⑦
26	二甲苯(总量)[b]	混合标准物质⑦
27	苯乙烯	混合标准物质⑦
28	2,4-二硝基甲苯	混合标准物质⑧
29	2,6-二硝基甲苯	混合标准物质⑧
30	萘	混合标准物质⑧
31	蒽	混合标准物质⑧
32	荧蒽	混合标准物质⑧
33	苯并(b)荧蒽	混合标准物质⑧
34	苯并(a)芘	混合标准物质⑧
35	多氯联苯(总量)[c]	混合标准物质⑧
36	邻苯二甲酸二(2-乙基已基)酯	混合标准物质⑧
37	2,4,6-三氯酚	混合标准物质⑨
38	五氯酚	混合标准物质⑨

续表 5-3

序号	毒理学指标	标准物质配制方案
39	六六六(总量)[d]	混合标准物质⑧
40	γ-六六六(林丹)	混合标准物质⑧
41	滴滴涕(总量)[e]	混合标准物质⑧
42	六氯苯	混合标准物质⑧
43	七氯	混合标准物质⑧
44	2,4-滴	单组分标准物质
45	克百威	混合标准物质⑩
46	涕灭威	混合标准物质⑩
47	敌敌畏	混合标准物质⑪
48	甲基对硫磷	混合标准物质⑪
49	马拉硫磷	混合标准物质⑪
50	乐果	混合标准物质⑪
51	毒死蜱	混合标准物质⑪
52	百菌清	混合标准物质⑧
53	莠去津	混合标准物质⑧
54	草甘膦	单组分标准物质

注：a. 三氯苯(总量)为 1,2,3-三氯苯、1,2,4-三氯苯、1,3,5-三氯苯三种异构体加和。

b. 二甲苯(总量)为邻二甲苯、间二甲苯、对二甲苯三种异构体加和。

c. 多氯联苯(总量)为 PCB28、PCB52、PCB101、PCB118、PCB138、PCB153、PCB180、PCB194、PCB206 等 9 种多氯联苯单体加和。

d. 六六六(总量)为 α-六六六、β-六六六、γ-六六六、δ-六六六四种异构体加和。

e. 滴滴涕(总量)为 o,p′-滴滴涕、p,p′-滴滴伊、p,p′-滴滴滴、p,p′-滴滴涕四种异构体加和。

第4节　结　论

根据水利部针对水利系统不同等级实验室(如流域级、省级和市级等)的任务要求,项目组充分考虑各指标理化性质及前处理方法、检测设备等因素,并利用气相色谱仪、气相色谱质谱仪、液相色谱仪、液相色谱质谱仪、电感耦合等离子体质谱仪、原子荧光光度计、原子吸收分光光度仪、紫外可见分光光度计、连续流动分析仪、离子色谱仪等设备验证各混合标准物质中化合物共存情况,分别针对《地下水质量标准》(GB/T 14848—2017)中的20项感官性状指标及一般化学指标、39项常规指标及93项全指标分别建立了相应的标准物质体系,并提出了相应的混合标准物质配制方案。研究结果不仅为我国地下水检测工作提供便利并提高检测效率,同时还将更好地发挥水利部水环境监测评价研究中心对全国各级检测实验室量值溯源的技术支撑作用。

附　录

附录1　《地下水质量标准》(GB/T 14848—2017)中各指标混合标准物质配制方案

附表1-1　93项全指标标准物质配制方案及原材料

地下水质量常规指标			
序号	感官性状及一般化学指标	标准物质配制方案	原材料
1	色	单组分标准物质	硅藻土
2	嗅和味	无需标准物质	—
3	浑浊度	单组分标准物质	硫酸肼、六次甲基四胺
4	肉眼可见物	无需标准物质	—
5	pH	混合标准物质③	碳酸氢钠、三羟甲基氨基甲烷
6	总硬度	混合标准物质③	碳酸钙、无水硫酸镁
7	溶解性总固体	单组分标准物质	氯化钠、硫酸镁、硝酸钠、碳酸氢钠及硅酸钠
8	硫酸盐	混合标准物质③	无水硫酸镁
9	氯化物	混合标准物质③	氯化钾
10	铁	混合标准物质⑥	铁粉
11	锰	混合标准物质⑥	锰片
12	铜	混合标准物质⑥	铜粉
13	锌	混合标准物质⑥	锌粒
14	铝	混合标准物质⑥	铝粉

续附表 1-1

序号	感官性状及一般化学指标	标准物质配制方案	原材料
15	挥发性酚类	单组分标准物质	苯酚
16	阴离子表面活性剂	单组分标准物质	直链烷基苯磺酸钠
17	耗氧量	单组分标准物质	葡萄糖
18	氨氮	单组分标准物质	氯化铵
19	硫化物	单组分标准物质	硫化钠
20	钠	混合标准物质③	氯化钠
序号	微生物指标	标准物质配制方案	原材料
21	总大肠菌群	无需标准物质	—
22	菌落总数	无需标准物质	—
序号	毒理学指标	标准物质配制方案	原材料
23	亚硝酸盐	单组分标准物质	亚硝酸钠
24	硝酸盐	混合标准物质③	硝酸钾
25	氰化物	单组分标准物质	氰化钾
26	氟化物	混合标准物质③	氟化钠
27	碘化物	单组分标准物质	碘化钾
28	汞	单组分标准物质	氯化汞
29	砷	混合标准物质⑥	三氧化二砷
30	硒	混合标准物质⑥	硒粉
31	镉	混合标准物质⑥	镉粒
32	铬(六价)	单组分标准物质	重铬酸钾
33	铅	混合标准物质⑥	铅粉
34	三氯甲烷	混合标准物质⑦	三氯甲烷纯品
35	四氯化碳	混合标准物质⑦	四氯化碳纯品

续附表 1-1

序号	毒理学指标	标准物质配制方案	原材料
36	苯	混合标准物质⑦	苯纯品
37	甲苯	混合标准物质⑦	甲苯纯品
序号	放射性指标	标准物质配制方案	原材料
38	总 α 放射性	无需标准物质	—
39	总 β 放射性	无需标准物质	—
地下水质量非常规指标			
序号	毒理学指标	标准物质配制方案	原材料
1	铍	混合标准物质⑥	铍粉
2	硼	单组分标准物质	硼酸
3	锑	混合标准物质⑥	锑粉
4	钡	混合标准物质⑥	钡块
5	镍	混合标准物质⑥	镍海绵
6	钴	混合标准物质⑥	钴粉
7	钼	混合标准物质⑥	钼粉
8	银	混合标准物质⑥	硝酸银
9	铊	混合标准物质⑥	铊
10	二氯甲烷	混合标准物质⑦	二氯甲烷纯品
11	1,2-二氯乙烷	混合标准物质⑦	1,2-二氯乙烷纯品
12	1,1,1-三氯乙烷	混合标准物质⑦	1,1,1-三氯乙烷纯品
13	1,1,2-三氯乙烷	混合标准物质⑦	1,1,2-三氯乙烷纯品
14	1,2-二氯丙烷	混合标准物质⑦	1,2-二氯丙烷纯品
15	三溴甲烷	混合标准物质⑦	三溴甲烷纯品
16	氯乙烯	混合标准物质⑦	氯乙烯纯品

续附表 1-1

序号	毒理学指标	标准物质配制方案	原材料
17	1,1-二氯乙烯	混合标准物质⑦	1,1-二氯乙烯纯品
18	1,2-二氯乙烯	混合标准物质⑦	1,2-二氯乙烯纯品
19	三氯乙烯	混合标准物质⑦	三氯乙烯纯品
20	四氯乙烯	混合标准物质⑦	四氯乙烯纯品
21	氯苯	混合标准物质⑦	氯苯纯品
22	邻二氯苯	混合标准物质⑦	邻二氯苯纯品
23	对二氯苯	混合标准物质⑦	对二氯苯纯品
24	三氯苯(总量)[a]	混合标准物质⑦	3 种三氯苯单体纯品
25	乙苯	混合标准物质⑦	乙苯纯品
26	二甲苯(总量)[b]	混合标准物质⑦	3 种二甲苯单体纯品
27	苯乙烯	混合标准物质⑦	苯乙烯纯品
28	2,4-二硝基甲苯	混合标准物质⑧	2,4-二硝基甲苯纯品
29	2,6-二硝基甲苯	混合标准物质⑧	2,6-二硝基甲苯纯品
30	萘	混合标准物质⑧	萘纯品
31	蒽	混合标准物质⑧	蒽纯品
32	荧蒽	混合标准物质⑧	荧蒽纯品
33	苯并(b)荧蒽	混合标准物质⑧	苯并(b)荧蒽纯品
34	苯并(a)芘	混合标准物质⑧	苯并(a)芘纯品
35	多氯联苯(总量)[c]	混合标准物质⑧	9 种多氯联苯单体纯品
36	邻苯二甲酸二(2-乙基己基)酯	混合标准物质⑧	邻苯二甲酸二(2-乙基己基)酯纯品
37	2,4,6-三氯酚	混合标准物质⑨	2,4,6-三氯酚纯品
38	五氯酚	混合标准物质⑨	五氯酚纯品

续附表 1-1

序号	毒理学指标	标准物质配制方案	原材料
39	六六六(总量)[d]	混合标准物质⑧	4 种六六六异构体纯品
40	γ-六六六(林丹)	混合标准物质⑧	γ-六六六纯品
41	滴滴涕(总量)[e]	混合标准物质⑧	4 种滴滴涕异构体纯品
42	六氯苯	混合标准物质⑧	六氯苯纯品
43	七氯	混合标准物质⑧	七氯纯品
44	2,4-滴	单组分标准物质	2,4-滴纯品
45	克百威	混合标准物质⑩	克百威纯品
46	涕灭威	混合标准物质⑩	涕灭威纯品
47	敌敌畏	混合标准物质⑪	敌敌畏纯品
48	甲基对硫磷	混合标准物质⑪	甲基对硫磷纯品
49	马拉硫磷	混合标准物质⑪	马拉硫磷纯品
50	乐果	混合标准物质⑪	乐果纯品
51	毒死蜱	混合标准物质⑪	毒死蜱纯品
52	百菌清	混合标准物质⑧	百菌清纯品
53	莠去津	混合标准物质⑧	莠去津纯品
54	草甘膦	单组分标准物质	草甘膦纯品

注：a. 三氯苯(总量)为1,2,3-三氯苯、1,2,4-三氯苯、1,3,5-三氯苯三种异构体加和。

b. 二甲苯(总量)为邻二甲苯、间二甲苯、对二甲苯三种异构体加和。

c. 多氯联苯(总量)为 PCB28、PCB52、PCB101、PCB118、PCB138、PCB153、PCB180、PCB194、PCB206 等 9 种多氯联苯单体加和。

d. 六六六(总量)为 α-六六六、β-六六六、γ-六六六、δ-六六六四种异构体加和。

e. 滴滴涕(总量)为 o,p′-滴滴涕、p,p′-滴滴伊、p,p′-滴滴滴、p,p′-滴滴涕四种异构体加和。

附录 2 《地下水质量标准》(GB/T 14848—2017)中污染物标准物质体系

附表 2-1 20 项感官性状指标及一般化学指标标准物质分类

序号	标准物质	涉及指标
1	混合标准物质①	pH、总硬度、硫酸盐、氯化物和钠(5 项)
2	混合标准物质②	铁、锰、铜、锌和铝(5 项)
3	单组分标准物质	色、浑浊度、溶解性总固体、挥发性酚类、阴离子表面活性剂、耗氧量、氨氮和硫化物(8 项)
4	无需标准物质	嗅和味、肉眼可见物(2 项)

附表 2-2 39 项常规指标标准物质分类

序号	标准物质	涉及指标
1	混合标准物质③	pH、总硬度、硫酸盐、氯化物、钠、硝酸盐和氟化物(7 项)
2	混合标准物质④	铁、锰、铜、锌、铝、砷、硒、镉和铅(9 项)
3	混合标准物质⑤	三氯甲烷、四氯化碳、苯和甲苯(4 项)
4	单组分标准物质	色、浑浊度、溶解性总固体、挥发性酚类、阴离子表面活性剂、耗氧量、氨氮、硫化物、亚硝酸盐、氰化物、碘化物、汞和铬(六价)(13 项)
5	无需标准物质	嗅和味、肉眼可见物、总大肠菌群、菌落总数、总 α 放射性和总 β 放射性(6 项)

附表 2-3 93 项全指标标准物质分类

序号	标准物质	涉及指标
1	混合标准物质③	pH、总硬度、硫酸盐、氯化物、钠、硝酸盐和氟化物(7 项)
2	混合标准物质⑥	铁、锰、铜、锌、铝、砷、硒、镉、铅、铍、锑、钡、镍、钴、钼、银和铊(17 项)

续附表 2-3

序号	标准物质	涉及指标
3	混合标准物质⑦	三氯甲烷、四氯化碳、苯、甲苯、二氯甲烷、1,2-二氯乙烷、1,1,1-三氯乙烷、1,1,2-三氯乙烷、1,2-二氯丙烷、三溴甲烷、氯乙烯、1,1-二氯乙烯、1,2-二氯乙烯、三氯乙烯、四氯乙烯、氯苯、邻二氯苯、对二氯苯、三氯苯(总量)、乙苯、二甲苯(总量)和苯乙烯共计 22 项指标;即混合标准物质⑤+二氯甲烷、1,2-二氯乙烷、1,1,1-三氯乙烷、1,1,2-三氯乙烷、1,2-二氯丙烷、三溴甲烷、氯乙烯、1,1-二氯乙烯、1,2-二氯乙烯、三氯乙烯、四氯乙烯、氯苯、邻二氯苯、对二氯苯、三氯苯(总量)、乙苯、二甲苯(总量)和苯乙烯(22 项)
4	混合标准物质⑧	2,4-二硝基甲苯、2,6-二硝基甲苯、萘、蒽、荧蒽、苯并(b)荧蒽、苯并(a)芘、多氯联苯(总量)、邻苯二甲酸二(2-乙基己基)酯、六六六(总量)、γ-六六六(林丹)、滴滴涕(总量)、六氯苯、七氯、百菌清和莠去津(16 项)
5	混合标准物质⑨	2,4,6-三氯酚、五氯酚(2 项)
6	混合标准物质⑩	克百威、涕灭威(2 项)
7	混合标准物质⑪	敌敌畏、甲基对硫磷、马拉硫磷、乐果和毒死蜱(5 项)
8	单组分标准物质	色、浑浊度、溶解性总固体、挥发性酚类、阴离子表面活性剂、耗氧量、氨氮、硫化物、亚硝酸盐、氰化物、碘化物、汞、铬(六价)、硼、2,4-滴和草甘膦(16 项)
9	无需标准物质	嗅和味、肉眼可见物、总大肠菌群、菌落总数、总 α 放射性和总 β 放射性(6 项)

参考文献

[1] 中国环境保护部. 全国地下水污染防治规划(2011-2020年)[EB/OL]. 2011. http://www.gov.cn/gongbao/content/2012/content_2121713.htm.

[2] 中共中央,国务院. 水污染防治行动计划[EB/OL]. 2015. http://www.gov.cn/zhengce/content/2015-04/16/content_9613.htm.

[3] 中国共产党中央委员会. 中共中央关于制定国民经济和社会发展第十三个五年规划的建议[EB/OL]. 2015. https://www.ccps.gov.cn/zt/xxddsbjwzqh/zyjs/201812/t20181211_118207.shtml.

[4] 中共中央,国务院. 关于全面加强生态环境保护坚决打好污染防治攻坚战的意见[EB/OL]. 2018. http://www.gov.cn/zhengce/2018-06/24/content_5300953.htm.

[5] 生态环境部,自然资源部,住房和城乡建设部,水利部,农业农村部. 地下水污染防治实施方案[EB/OL]. 2019. http://www.mee.gov.cn/xxgk2018/xxgk/xxgk03/201904/t20190401_698148.html.

[6] 中华人民共和国国家质量监督检验检疫总局,中国国家标准化管理委员会. 地下水环境质量标准:GB 14848—2017[S]. 2017.

[7] 国家环保总局《水和废水监测分析方法》编委会. 水和废水监测分析方法(第四版)[M]. 北京:中国环境科学出版社,2002.